Tim Hilgert

Erstellung von Wochenaktivitätenplänen für Verkehrsnachfragemodelle

Schriftenreihe des Instituts für Verkehrswesen
Band 75

Herausgeber: Prof. Dr.-Ing. Peter Vortisch

Eine Übersicht aller bisher in dieser Schriftenreihe erschienenen Bände finden Sie am Ende des Buchs.

Erstellung von Wochenaktivitätenplänen für Verkehrsnachfragemodelle

von
Tim Hilgert

KIT Scientific Publishing

Karlsruher Institut für Technologie
Institut für Verkehrswesen

Erstellung von Wochenaktivitätenplänen für Verkehrsnachfragemodelle

Zur Erlangung des akademischen Grades eines Doktor-Ingenieurs von der KIT-Fakultät für Bauingenieur-, Geo- und Umweltwissenschaften des Karlsruher Instituts für Technologie (KIT) genehmigte Dissertation

von Tim Hilgert (MSc)

Tag der mündlichen Prüfung: 18. Juli 2019
Referent: Prof. Dr.-Ing. Peter Vortisch
Korreferent: Prof. Dr. rer. nat. Kai Nagel

Impressum

KIT Scientific Publishing

Karlsruher Institut für Technologie (KIT)
KIT Scientific Publishing
Straße am Forum 2
D-76131 Karlsruhe

www.ksp.kit.edu

Print on Demand 2019 – Gedruckt auf FSC-zertifiziertem Papier

ISSN 0341-5503
ISBN 978-3-7315-0973-8
DOI 10.5445/KSP/1000097893

Kurzfassung

Mikroskopische Verkehrsnachfragemodelle bilden das Verkehrsverhalten von Personen in einer simulierten Umgebung ab und helfen, das Verhalten zu verstehen und Planungsmaßnahmen zu bewerten. Der Betrachtungszeitraum beträgt in der Regel einen Tag. Durch diese zeitliche Beschränkung werden jedoch einige Verhaltensaspekte vernachlässigt: Personen handeln von Tag zu Tag nicht komplett unabhängig voneinander. Der durch empirische Studien belegte Informationsgewinn der Betrachtung längerer Zeiträume bleibt in der Verkehrsnachfragemodellierung bisher oft unberücksichtigt.

Die Arbeit präsentiert *actiTopp*, ein Modell zur Erstellung von Aktivitätenplänen für den Zeitraum einer Woche. Es betrachtet das Thema Aktivitätenplanung als ein Teil der Verkehrsnachfragemodellierung. Aktivitätenpläne sind dabei Grundlage für weitere Entscheidungen der Modellierung wie die Wahl von Zielen oder Verkehrsmitteln. Das Modell ermöglicht es, basierend auf den Erhebungsdaten des Deutschen Mobilitätspanels, Wochenaktivitätenpläne für beliebige Planungsräume und Bevölkerungszusammensetzungen zu erstellen. Verhaltensaspekte der Betrachtung längerer Zeiträume, bspw. eine täglich ähnliche Dauer für Arbeitsaktivitäten oder der morgendlich ähnliche Arbeitszeitbeginn, werden von *actiTopp* abgebildet. Die modellierten Aktivitätenpläne setzen sich aus einer Vielzahl von Einzelentscheidungen, bspw. zu Anzahl, Zweck, Dauer oder Startzeit der Aktivitäten, zusammen. Insbesondere der Erwerbsstatus von Personen, der Wochentag und der Zweck der Aktivität beeinflussen hierbei viele der Einzelentscheidungen. Zur Modellierung nutzt das Modell *actiTopp* hauptsächlich logistische Regressionsverfahren, die auch in anderen Bereichen der Verkehrsnachfragemodellierung verbreitet sind. Die Validierung des Modells zeigt eine gute Übereinstimmung zu den Vergleichsdaten. Dabei werden sowohl die Charakteristika der Gesamtstichprobe wie auch Effekte der Verhaltensstabilität einzelner Personen gut abgebildet.

Durch die Entwicklung von *actiTopp* wurde eine flexible Lösung zur Erzeugung von Wochenaktivitätenplänen geschaffen. Es ermöglicht die Abbildung der Auswirkungen aktueller und zukünftiger Fragestellungen der Verkehrsplanung (bspw. veränderte Arbeitszeitmodelle) und ist durch die Integration der Längsschnittperspektive über die Dauer eines Tages hinaus ein Mehrwert für die Verkehrsnachfragemodellierung. Das Modell lässt sich leicht in andere Prozesse der Verkehrsnachfragemodellierung integrieren und ist damit ein guter Ausgangspunkt für Verbesserungen der gesamten Prozesskette mit Ziel-, Verkehrsmittel- und Routenwahl.

Abstract

Activity-based travel demand models represent people's travel behavior in a simulated environment. They help to understand behavior and evaluate policy measures. Most activity-based travel demand models simulate a period of one day. However, this time restriction neglects some behavioral aspects as people do not act completely independent from day to day. The additional information gained when considering longer periods for travel demand modeling, verified by empirical studies, is mostly neglected so far.

This work presents *actiTopp*, a model to generate activity schedules for one week. It considers activity scheduling as one part of travel demand modeling. Activity schedules are the basis for further choices of travel demand models such as destination or mode of transport. *actiTopp* uses data of the German Mobility Panel. It allows creating week activity schedules for arbitrary planning areas and populations and considers behavioral aspects of longer periods, e.g., similar durations for daily working activities or similar times departing for work in the morning. Activity schedules consist of different individual choices, such as number, purpose, duration or starting time of activities. In particular, the personal employment status, the weekday and the purpose of the activity affect a lot of these individual choices. The model *actiTopp* mainly uses logistic regressions for modeling, which are also common in other areas of travel demand modeling. The validation of the model reveals high compliance with the reference data. This applies to the characteristics of the total sample as well as to the effects of individual behavioral stability.

The development of *actiTopp* has accomplished a flexible solution to generate week activity schedules. It enables depicting effects of current and future transport planning issues (e.g., modified work time models). Moreover, integrating the longitudinal perspective beyond one day outlines an added value for travel demand modeling. Integrating the model into other travel demand modeling processes is easy. Thus, it is a good starting point for improvements in the entire process chain of travel demand modeling.

Inhaltsverzeichnis

Abbildungsverzeichnis

Tabellenverzeichnis

Abkürzungsverzeichnis

BDSS	Between-Day Sum of Squares
BPSS	Between-Person Sum of Squares
DFG	Deutsche Forschungsgemeinschaft
FGSV	Forschungsgesellschaft für Straßen- und Verkehrswesen
KIT	Karlsruher Institut für Technologie
MOP	Das Deutsche Mobilitätspanel
MW	Mittelwert
ÖV	Öffentlicher Verkehr (zum Beispiel Bus, Straßenbahn)
SAS	Statistical Analysis System, Statistik-Software
SPAN	Spannweite
STD	Standardabweichung
VK	Variationskoeffizient
WDSS	Within-Day Sum of Squares
WPSS	Within-Person Sum of Squares

Verkehrsnachfragemodelle und Erhebungsinstrumente:

ADAPTS	Agent-based Dynamic Activity Planning and Travel Scheduling
ALBATROSS	A Learning Based Transportation Oriented Simulation System
AMOS	Activity-Mobility Simulator
CEMDAP	Comprehensive Econometric Microsimulator for Daily Activity-Travel Patterns
CHASE	Computerized Household Activity Scheduling Elicitor
CT-RAMP	Coordinated Travel – Regional Activity Modeling Platform
MATSim	Multi-Agent Transport Simulation
STARCHILD	Simulation of Travel/Activity Responses to Complex Household Interactive Logistics Decisions
TASHA	Travel Activity Scheduler for Household Agents

Vorwort

Die vorliegende Arbeit ist während meiner Tätigkeit als akademischer Mitarbeiter des Instituts für Verkehrswesen am Karlsruher Institut für Technologie entstanden. In der Zeit konnte ich neben dem Promotionsvorhaben vielfältige Forschungsprojekte bearbeiten, die alle, direkt oder indirekt, einen Beitrag zur Weiterentwicklung dieser Arbeit geleistet haben.

Bedanken möchte ich mich bei meinen beiden Referenten Prof. Dr.-Ing. Peter Vortisch und Prof. Dr. rer. nat. Kai Nagel, die die Entstehung der Arbeit begleitet und mir bei der Ausgestaltung des Themas viele Freiheiten gelassen haben. Der Dank an Peter Vortisch gilt jedoch nicht nur für die Betreuung der Arbeit, sondern auch für die Freiheiten und Möglichkeiten, die mir insgesamt als Mitarbeiter am Institut für Verkehrswesen gegeben wurden. Ich konnte in der Zeit neben der thematischen Weiterbildung im Bereich der Verkehrsnachfragemodellierung auch eigeninitiativ Themen abseits des Verkehrsbereichs, wie das Erlernen der Skriptsprache VBA, einbringen. Für diese Freiheiten und die damit verbundene persönliche Weiterbildung und -entwicklung gilt der Dank auch Dr.-Ing. Martin Kagerbauer, mit dem ich die allermeisten meiner Projekte zusammen durchgeführt habe. Neben den Genannten bedanke ich mich bei meinen aktuellen und ehemaligen Kolleg(inn)en Christine, Nadine, Michael, Sascha und Sebastian für kritische Diskussionen und Anmerkungen, die mir geholfen haben, die eigene Arbeit zu reflektieren und zu verbessern. Danke an Lars für seine unendliche Geduld und den Support in Java & Eclipse und an Anke, Jessi und Markus für die kritische Durchsicht des Manuskripts auf sprachliche Ungereimtheiten. Meinen Eltern möchte ich danken, die mich immer unterstützt und mir diesen Weg erst ermöglicht haben. Zuletzt gilt der Dank meiner Frau Franzi, die mich auch in stressigen Zeiten immer bedingungslos unterstützt hat.

Karlsruhe, im April 2019 — Tim Hilgert

1 Einleitung

1.1 Motivation

Verkehr entsteht aufgrund des Bedürfnisses nach Aktivitäten. Personen planen ihren Tag und zur Durchführung von Aktivitäten wie Arbeiten, Einkaufen oder Sport müssen sie oftmals Ortsveränderungen durchführen. Entscheidungen über die Durchführung von Aktivitäten und die damit verbundenen Wege sind komplex. Ist die Entscheidung über den Arbeitsplatz oft eine längerfristige Entscheidung, fallen andere Entscheidungen in kürzerem Zeithorizont und aufgrund anderer Grundlagen, bspw. das Treffen von Freunden oder der Einkauf im Supermarkt.

Ziel der Verkehrsplanung ist es, ein funktionierendes Verkehrssystem zu schaffen, das die Durchführung aller Aktivitäten optimal ermöglicht. Zur Planung und Gestaltung des Verkehrssystems kommen unter anderem Verkehrsnachfragemodelle zum Einsatz. Sie ermöglichen eine modellhafte Abbildung der Realität und dienen laut Heggie (1978) zu folgenden Zwecken:

1. Verkehrsnachfragemodelle helfen, Verhalten zu verstehen und zu erklären. Sie dienen als Werkzeug zur Interpretation der Realwelt und zur Identifizierung relevanter Variablen und Einflussgrößen.
2. Verkehrsnachfragemodelle unterstützen die Entwicklung von Planungsmaßnahmen. Sie erzeugen neues Wissen bei Verkehrsplanern und Entscheidungsträgern.
3. Verkehrsnachfragemodelle liefern Vorhersagen für die Bewertung von Planungsmaßnahmen.

Dabei bilden Verkehrsnachfragemodelle das Verhalten von Personen in einem definierten Zeitraum ab. Das ermöglicht es, Entscheidungsverhalten zu analysieren und zu verstehen. Planungsmaßnahmen wie neue Infrastrukturen, Veränderungen der Kosten für Mobilität, neue Mobilitätsdienste oder Anreize für die Durchführung von Homeoffice können modelliert und ihre Auswirkungen abgeschätzt werden, bevor diese in der Realwelt umgesetzt werden. Der Betrachtungszeitraum der allermeisten Verkehrsnachfragemodelle beträgt einen Tag. Dieser Zeitraum kann für viele Analysen, bspw. den Ausbau von Infrastruktur, ausreichend sein, da die morgendliche verkehrliche Spitzenstunde und damit die größtmögliche Auslastung modelliert werden kann. Ein weiterer Grund für die Tagesbetrachtung sind verfügbare Eingangsdaten, die, auch aus Kostengründen, meist nicht über den Zeitraum eines Tages hinausgehen. Verkehrsnachfragemodelle, die längere Zeiträume betrachten, sind daher selten. Dabei ermöglichen sie für viele Planungsmaßnahmen zusätzliche Erkenntnisse zur Bewertung und Erklärung des Verhaltens. Diese Vorteile müssen dem zusätzlichen Aufwand der Modellerstellung gegenübergestellt werden.

Zur Unterscheidung zwischen Analysen auf Basis von Daten eines Tages (Querschnitt) sowie über längere Zeiträume (Längsschnitt) werden zwei beispielhafte Planungsmaßnahmen betrachtet: die Förderung von Homeoffice-Angeboten und eine Preiserhöhung von ÖV-Tarifen. Tabelle 1.1 stellt nachfolgend beispielhafte Ergebnisse dar, wie sie mit einem Verkehrsmodell oder aus einer Befragung gewonnen werden können. Querschnittsanalysen betrachten einen Tag isoliert. Damit kann, summiert über die Tage der Woche, eine Steigerung von 50 % auf 600 Homeoffice-Tage ermittelt werden. Für den ÖV ergibt sich ein Rückgang der Nutzenden um 10 %. Dabei bleibt jedoch offen, wie viele verschiedene Personen in der Woche Homeoffice-Angebote nutzen oder wie viele unterscheidbare Kunden den Nachfragerückgang im ÖV verursachen. Derartige Fragestellungen werden erst durch die Längsschnittperspektive analysierbar, indem das Verhalten jeder Person über einen längeren Zeitraum, im Beispiel fünf Tage, erhoben bzw. modelliert wird. Für die Homeoffice-Förderung kann damit eine Verdreifachung der Personen ermittelt werden, die mindestens einmal pro Woche Homeoffice durchführen. Dies kann zu einer anderen Bewertung der Maßnahme führen. Für die ÖV-Maßnahme kann ermittelt werden, dass nach wie vor 100 Personen an fünf Tagen pro Woche den ÖV nutzen. Der Nachfragerückgang beschränkt sich also auf

Gelegenheitsnutzer. Derartige Analysen werden erst durch längere Analysezeiträume möglich. Sie können helfen, die von Heggie (1978) genannten Zwecke der Verkehrsmodellierung zu unterstützen, da damit Verhalten besser erklärt und Maßnahmen besser bewertet werden können.

Tabelle 1.1: Beispiel für Verhaltensänderungen durch Planungsmaßnahmen

Wochentag	Anzahl an Personen, die von zu Hause arbeiten (Homeoffice)		Anzahl an Personen, die Wege mit dem ÖV durchführen	
	Vorher	Nachher	Vorher	Nachher
Montag	100	100	100	100
Dienstag	75	150	120	110
Mittwoch	50	50	120	100
Donnerstag	100	75	100	110
Freitag	75	225	160	120
Summe Personen	400	600	600	540

In Verkehrsnachfragemodellen besteht die Abbildung des persönlichen Entscheidungsverhaltens zur Durchführung von Wegen bzw. Aktivitäten in der Regel aus vier Schritten:

1. Entscheidung über Zweck und Zeitpunkt zur Durchführung der Aktivität (Aktivitätenwahl)
2. Entscheidung über den Ort zur Durchführung der Aktivität (Zielwahl)
3. Entscheidung über das Verkehrsmittel auf dem Weg zum Ort der Aktivität (Verkehrsmittelwahl)
4. Entscheidung über die Route mit dem Verkehrsmittel auf dem Weg zum Ort der Aktivität (Routenwahl)

Für den Betrachtungszeitraum einer Woche ergeben sich für die korrekte Nachbildung des Entscheidungsverhaltens Herausforderungen, die für Tagesmodelle nicht gelten. Personen treffen viele Entscheidungen von Tag zu Tag nicht unabhängig voneinander. Wer montags um 8.00 Uhr mit dem Pkw zur Arbeit fährt, wird dienstags mit hoher Wahrscheinlichkeit zu einer ähnlichen Zeit ebenfalls mit dem Pkw unterwegs sein. Aus empirischen Untersuchungen lassen sich viele Aspekte ermitteln, die wiederkehrendes Verhalten von Tag zu Tag belegen. Da in vielen Fällen Verkehrsnachfragemodelle für einen Tag entwickelt werden, spielt die Stabilität von Tag zu Tag keine Rolle. Eine Ausnahme ist das am Institut für Verkehrswesen des Karlsruher Instituts für Technologie (KIT) entwickelte Verkehrsnachfragemodell mobiTopp (siehe Abschnitt 2.3.4), welches den Zeitraum einer Woche modelliert. Zur Bewertung von Planungsmaßnahmen sollten Verkehrsnachfragemodelle deren Wirkungen möglichst auf allen dargestellten Entscheidungsebenen abbilden. Durch die Seltenheit von Wochenmodellen existieren für die Modellierung der Entscheidungen im Längsschnitt bisher wenige Ansätze aus der Literatur. Dies gilt auch für Entscheidungen zur Aktivitätenwahl (Schritt 1). Aktivitätenpläne wurden in mobiTopp bisher empirisch aus Erhebungen übernommen, sodass sich Planungsmaßnahmen nicht auf die Zusammensetzung der Aktivitäten auswirken konnten und wenige Kenntnisse über die Entscheidungsprozesse der Aktivitätenplanung vorliegen. Für die Implementierung des Modells für neue Planungsregionen waren bisher zwingend Längsschnittdaten der Region erforderlich. Diese sind aus Kosten- und Aufwandsgründen selten vorhanden.

1.2 Modelleinführung

Die Arbeit stellt das Modell *actiTopp* vor, das Aktivitätenpläne für den Zeitraum einer Woche generiert. Es benötigt als Eingabeparameter lediglich Informationen über die Soziodemografie, den Raumkontext des Wohnorts und die Pendeldistanzen der Personen. Die erzeugten Wochenaktivitätenpläne enthalten alle geplanten Aktivitäten im Zeitraum einer Woche mit Informationen über Anzahl, Reihenfolge, Zweck und Dauer der Aktivitäten. Verhaltensaspekte, die sich erst durch die Analyse im Längsschnitt ergeben, werden explizit berücksichtigt. Damit ist es möglich, intrapersonelle Variationen im Verhalten wie den morgendlich ähnlichen Arbeitszeitbeginn abzubilden. *actiTopp* unterstützt zudem erste Modellansätze für die Abbildung gemeinsamer Wege und Aktivitäten mit anderen Haushaltsmitgliedern. Diese Wege und Aktivitäten sind ein weiteres wichtiges Element zur korrekten Abbildung von Planungsmaßnahmen. Sie reduzieren die persönliche Flexibilität in der Reaktion auf Maßnahmen, da für eine Anpassung auch die Aktivitäten anderer Haushaltsmitglieder zu berücksichtigen sind. Das Modell *actiTopp* ermöglicht es, Planungsmaßnahmen in Verkehrsnachfragemodellen auch auf Prozesse der Aktivitätenplanung abzubilden. Es kann helfen, Entscheidungsprozesse zu verstehen und Einflussfaktoren zu identifizieren. Damit kann das Modell für viele aktuelle und zukünftige Fragestellungen der Verkehrsplanung als Unterstützung dienen, bspw. hinsichtlich Auswirkungen durch veränderte Arbeitszeitmodelle. Die Modellentwicklung erfolgt mit Daten des Deutschen Mobilitätspanels, einer siebentägigen Erhebung zum Verkehrsverhalten der in Deutschland lebenden Bevölkerung. Durch die Nutzung dieser Datenbasis kann *actiTopp* für beliebige Planungsregionen, ohne die Notwendigkeit von Mobilitätsdaten im Planungsraum, angewendet werden und Aktivitätenpläne generieren. *actiTopp* kann in das Modell mobiTopp oder andere Verkehrsnachfragemodelle integriert werden.

1.3 Aufbau der Arbeit

Kapitel 2 stellt die wichtigsten Arbeiten der Literatur vor, darunter eine Einführung in die Verkehrsnachfragemodellierung. Es betrachtet für die Arbeit relevante Schwerpunkte wie die Erzeugung von Aktivitätenplänen, Längsschnittsimulationen, intrapersonelle Variationen im Verkehrsverhalten und gemeinsame Wege und Aktivitäten. Kapitel 3 untersucht empirisch Charakteristika von Wochenaktivitätenplänen, basierend auf Daten des Deutschen Mobilitätspanels. Hierbei liegt ein Schwerpunkt auf der Analyse intrapersoneller Variationen. Kapitel 4 stellt das entwickelte Modell *actiTopp* vor. Einzelne Abschnitte dieses Kapitels widmen sich der Modellstruktur, der Modellschätzung sowie der Modellierung von Stabilität und mit anderen

Haushaltsmitgliedern gemeinsam durchgeführten Wegen und Aktivitäten. Abschließend wird das Modell mit einem Teildatensatz des Deutschen Mobilitätspanels validiert. Modellanwendungen werden für die Regionen Stuttgart und Karlsruhe durchgeführt. In beiden Fällen stehen vom Deutschen Mobilitätspanel unabhängige Erhebungen zur Prüfung des Modells *actiTopp* zur Verfügung, welche in Kapitel 5 dargestellt werden. Abschließend fasst Kapitel 6 die Ergebnisse der Arbeit sowie den weiteren Forschungsbedarf zusammen.

2 Grundlagen

Das folgende Kapitel beschreibt die wichtigsten Arbeiten aus der Literatur der für die Modellierung von *actiTopp* relevanten Themen. Zunächst erfolgen in Abschnitt 2.1 Begriffsdefinitionen. Abschnitt 2.2 präsentiert Informationen zu verschiedenen Datenquellen. Grundlagen der Verkehrsnachfragemodellierung, Modellabgrenzungen und -gruppen werden in Abschnitt 2.3 dargestellt. Anschließend erfolgt in Abschnitt 2.4 die Darstellung des Stands der Forschung für weitere zentrale Themen dieser Dissertation, darunter intrapersonelle Variationen und gemeinsame Aktivitäten.

2.1 Begriffsdefinitionen

Als **Weg** bzw. Reise wird die „Ortsveränderung einer Person von einem Ausgangspunkt zu einem Ziel zur Ausübung einer bestimmten Aktivität“ definiert (FGSV o.J.). Wege können verschiedene Eigenschaften haben, bspw. einen Zweck, eine Dauer oder einen Startzeitpunkt. Im Folgenden wird ausschließlich der Begriff Weg statt Reise verwendet. Der Begriff **Aktivität** ist Teil der Wegdefinition. Die explizite Definition des Begriffs Aktivität als „Tätigkeit einer Person, die eine Ortsveränderung erfordert, meist am Ziel einer Reise“ (FGSV o.J.) bringt keine inhaltliche Erweiterung. Der Duden beschreibt den Begriff unter anderem als „Handlung, Tätigkeit, Maßnahme“. Diese Arbeit definiert eine Aktivität als „Tätigkeit einer Person zwischen zwei Wegen“. Aktivitäten können analog zu Wegen mit verschiedenen Eigenschaften wie einem Zweck oder einer Dauer charakterisiert werden. Eine **Aktivitätenkette** beschreibt die FGSV (o.J.) als „Folge von Aktivitäten innerhalb eines bestimmten Zeitraums“. Die Definition wird für diese Arbeit in drei Formen präzisiert: Ein **Tagesaktivitätenplan** beschreibt die Aktivitätenkette für den Zeitraum eines Tages, ein **Wochenaktivitätenplan** die für den Zeitraum einer Woche. Eine **Tour** beschreibt eine Aktivitätenkette vom Verlassen des Wohnorts bis zur

Rückkehr an den Wohnort. In anderen Veröffentlichungen wird der Begriff Tour auch als Ausgang definiert (siehe FGSV 2017). Viele Definitionen im Bereich Verkehr stellen den Weg ins Zentrum der Definitionen, da durch ihn der tatsächliche Verkehr entsteht. Für diese Arbeit werden einige Begriffe so adaptiert, dass sie nicht die Ortsveränderungen selbst, sondern die zugrundeliegenden Aktivitäten in den Mittelpunkt der Definitionen stellen. So definiert die FGSV **Verkehrsnachfrage** als „Summe aller Ortsveränderungen von Personen und Gütern in einem Gebiet innerhalb eines bestimmten Zeitraums" (FGSV o.J.). Hiervon abgeleitet wird der Begriff **Aktivitätennachfrage** als „Summe aller Aktivitäten von einer Anzahl an Personen in einem Gebiet innerhalb eines bestimmten Zeitraums" definiert. Das Gebiet kann dabei sowohl räumlich wie auch persönlich definiert sein, bspw. die Aktivitätennachfrage einer einzelnen Person oder eines einzelnen Haushalts.

Zur Erfassung der Nachfrage nach Verkehr oder Aktivitäten werden **Quer**- und **Längsschnittuntersuchungen** unterschieden, die in der FGSV-Richtlinie „Empfehlungen für Verkehrserhebungen" definiert sind (FGSV 2012). Querschnittsuntersuchungen sind einmalige Befragungen einer Stichprobe von Personen über jeweils einen Stichtag. Der Begriff Längsschnittuntersuchung ist mehrdeutig und ein Oberbegriff für Befragungsformen, die über einen längeren Zeitraum oder wiederholt durchgeführt werden. Es werden dabei unter anderem **Mehr-Tages-Befragungen** (bezeichnet die einmalige Befragung ohne Wiederholung) sowie **Panelbefragungen** (bezeichnet die wiederholte Befragung derselben Stichprobe) unterschieden.

Variation beschreibt Veränderung oder Abwandlung. Im Sinne des Verhaltens wird damit eine Veränderung im Verhalten definiert. Die Verhaltensvariation teilt sich in zwei Bereiche auf. So beschreibt die **interpersonelle Verhaltensvariation** die Unterschiede im Verhalten zwischen verschiedenen Personen. Gemäß Duden beschreibt das Präfix inter „[...] eine Wechselbeziehung; zwischen zwei oder mehreren [...]" Hingegen wird das Präfix intra als „[...] dass die beschriebene Sache innerhalb von etwas liegt, besteht, stattfindet [...]" beschrieben. Die **intrapersonelle Verhaltensvariation** bezeichnet daher die Unterschiede im Verhalten einer einzelnen Person über einen bestimmten Zeitraum, bspw. die täglichen Unterschiede einer Person im Vergleich zu deren mittleren Verhalten. Abbildung 2.1 veranschaulicht die unterschiedlichen Arten der Verhaltensvariation. In dem Beispiel wird die Variation auf Basis der Anzahl an Aktivitäten pro Tag gemessen.

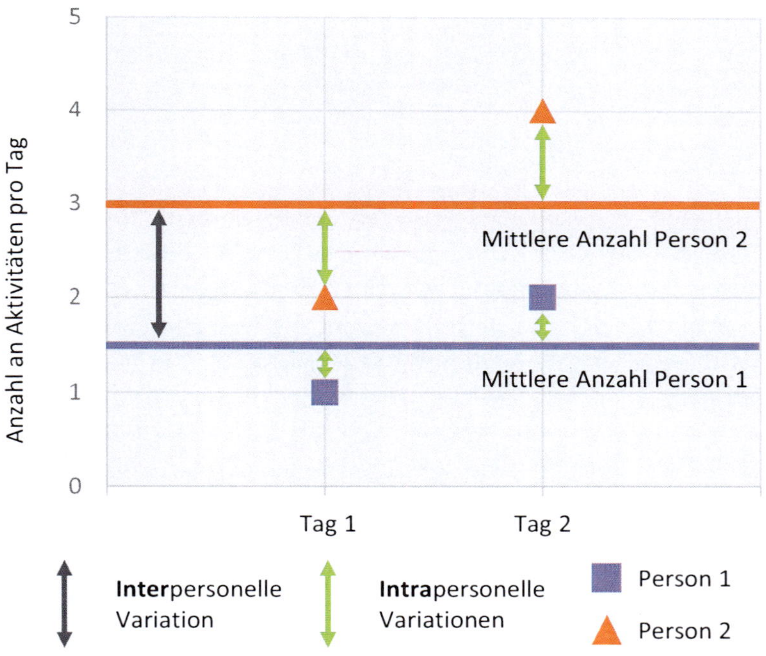

Abbildung 2.1: Inter- und intrapersonelle Verhaltensvariation (Eigene Darstellung in Anlehnung an Lipps (2001))

In Zusammenhang mit intrapersonellen Analysen stehen die Begriffe Stabilität und Variabilität des Verhaltens. **Stabilität** bedeutet Beständigkeit und „etwas Gleichbleibendes". Stabiles Verhalten beschreibt einen Zustand, in dem sich wenig zwischen den Betrachtungszeitpunkten ändert. Das entspricht damit einer geringen intrapersonellen Variation. Die intrapersonelle Variation einer Person, die von montags bis freitags jeden Morgen um genau 7.30 Uhr das Haus zur Arbeit verlässt, ist, bezogen auf die Messgröße „Verlassen des Hauses zur Arbeit", sehr klein und das Verhalten ist beständig bzw. stabil. **Variabilität** ist eng verwandt mit dem Wort variabel, was synonym mit „änderbar, schwankend, unbeständig" definiert wird. Sie stellt das Gegenteil der Stabilität dar. Die Definition dieser Begriffe steht dabei in engem Zusammenhang mit der betrachteten Messgröße. In den nachfolgenden Kapiteln wird gezeigt, dass eine Person nicht pauschal als verhaltensstabil oder verhaltensvariabel bezeichnet werden kann.

2.2 Datenquellen

Für die Analyse von Aktivitäten und deren Einflussfaktoren sind detaillierte Daten über die von Personen durchgeführten Aktivitäten erforderlich. Diese können direkt erhoben oder aus erhobenen Wegen abgeleitet werden. Erhebungen zu durchgeführten Aktivitäten werden in vielen Ländern neben Mobilitätserhebungen auch in Form von Zeitbudgeterhebungen durchgeführt. Entsprechende Studien gehen bis in die 1970er Jahre zurück (siehe Abschnitt 2.3.1 oder Jones et al. 1983). In Deutschland wurde eine Erhebung zur Zeitverwendung zuletzt in den Jahren 2012/2013 durchgeführt (Statistisches Bundesamt 2015). Diese Form erfasst Zwecke von Aktivitäten oftmals sehr viel detaillierter als Erhebungen zu Verkehrsverhalten, bei denen Aktivitäten aus berichteten Wegen abgeleitet werden. Im Beispiel der deutschen Zeitverwendungserhebung werden Aktivitäten in 10-Minuten-Schritten erfasst, wodurch jedoch kürzere Ortsveränderungen unberücksichtigt bleiben. Wege werden dadurch nur unzureichend erfasst. Für die weiteren Analysen und Modellierungen dieser Dissertation sind Ortsveränderungen allerdings als wichtiges Element für die Verkehrsnachfragemodellierung unmittelbar relevant. Im Folgenden werden daher ausschließlich Erhebungen analysiert und verwendet, die Verkehrsverhalten explizit erfassen.

Zeitlich werden Quer- und Längsschnitterhebungen unterschieden (siehe Abschnitt 2.1). Der Zeitraum für Längsschnitterhebungen kann bspw. zwei Tage, einen Tag von Montag bis Freitag und einen Tag am Wochenende, oder auch eine komplette Woche umfassen. Längsschnitterhebungen durchzuführen erfordert meist höhere Investitionen, sowohl zeitlich wie finanziell. Zudem birgt die Durchführung Risiken, bspw. Effekte der Berichtsmüdigkeit wie das Vergessen von Wegen mit zunehmender Befragungsdauer (Chlond et al. 2013). Gleichzeitig ermöglicht sie aber vertiefte Analysen des Verkehrsverhaltens von Personen. So können gleichbleibende Aspekte des Verhaltens im Zeitverlauf analysiert und die Varianz des Verhaltens in interpersonelle und intrapersonelle Teile aufgespalten werden (siehe Abschnitt 2.4.3). Eine weitere Form der Längsschnitterhebung ist eine Panelerhebung. Sie besteht aus Befragungen (Wellen) derselben Personen zu mehreren Zeitpunkten. Dadurch können intrapersonelle Analysen sowohl innerhalb eines Erhebungszeitraums (sofern eine einzelne Befragungswelle als Mehr-Tages-Erhebung angelegt ist) wie auch zwischen zwei Erhebungswellen durchgeführt werden. Diese Arbeit behandelt und modelliert Aktivitäten im Kontext einer Woche, um insbesondere intrapersonelle Variationen abzubilden. Damit sind zwingend Daten aus Längsschnitterhebungen für alle weiteren Analysen erforderlich. Die folgenden Abschnitte stellen die dafür zentrale Datenquelle des Deutschen Mobilitätspanels sowie eine Übersicht weiterer Längsschnitterhebungen vor.

2.2.1 Das Deutsche Mobilitätspanel (MOP)

Beim Deutschen Mobilitätspanel (MOP) handelt es sich um eine Erhebung im Auftrag des Bundesministeriums für Verkehr und digitale Infrastruktur zum Verkehrsverhalten der in Deutschland lebenden Bevölkerung. Die Erhebung wird seit 1994 jährlich durchgeführt und vom Institut für Verkehrswesen am KIT wissenschaftlich begleitet. Das MOP stellt dabei, aufgrund der jährlich fortgeschriebenen Zeitreihe und des Erhebungszeitraums von einer Woche, einen wichtigen Bestandteil der Datenlandschaft in der deutschen Verkehrsstatistik dar. Auch international gibt es keine vergleichbare Längsschnitterhebung mit einer Zeitreihe von über 20 Jahren.

Das MOP ist als Haushaltsbefragung konzipiert, welche aus zwei Teilen besteht: Im Herbst jeden Jahres berichten die Teilnehmenden über ihre Alltagsmobilität im Zeitraum einer Woche. Dazu werden alle Personen ab zehn

Jahren eines Haushalts gebeten, Wegetagebücher auszufüllen, in welche Informationen (bspw. Zweck des Weges, genutzte Verkehrsmittel, Startzeit, Dauer) zu allen in diesem Zeitraum durchgeführten Ortsveränderungen notiert werden. Weiterhin werden Informationen zu den Personen wie Alter oder Berufstätigkeit und den Haushalten (bspw. Pkw-Besitz, Anzahl der Personen im Haushalt) erfasst. Der zweite Teil des MOP ist eine Fahrleistungserhebung. Hierzu werden alle teilnehmenden Haushalte mit Pkw im Frühjahr des Folgejahres gebeten, die getätigten Tankvorgänge und Fahrleistungen ihrer Pkw über einen Zeitraum von acht Wochen in einem sogenannten Tankbuch zu erfassen.

Das MOP ist eine Panelerhebung mit rotierender Stichprobe. Haushalte werden gebeten, in drei aufeinanderfolgenden Jahren Informationen zur Alltagsmobilität sowie der Pkw-Fahrleistung zu berichten. Die rotierende Stichprobe kommt dadurch zustande, dass jährlich circa ein Drittel der Haushalte die Stichprobe verlässt (im besten Fall nach dreimaliger Teilnahme; aufgrund der Freiwilligkeit der Teilnahme auch früher) und gleichzeitig wieder neue Haushalte angeworben werden. Die Gesamtstichprobe jedes Erhebungsjahres besteht damit also immer aus Erst-, Zweit- und Drittberichtern. Sie ist in der Vergangenheit durch Projektaufstockungen gewachsen. Im Erhebungsjahr 2016 haben 2 874 Personen an der Erhebung zur Alltagsmobilität teilgenommen. Anzuwerbende Haushalte werden dabei im Vorfeld nach verschiedenen Kriterien ausgewählt, um die Repräsentativität der Stichprobe hinsichtlich Charakteristika der deutschen Bevölkerung zu gewährleisten. Um soziodemografische Schiefen (bspw. aufgrund unterschiedlicher Teilnahmebereitschaft seitens der angeworbenen Haushalte) in den Daten auszugleichen, werden diese in der Erhebungsaufbereitung zudem verschiedenen Gewichtungsprozeduren unterzogen. Durch den kontinuierlichen Charakter der Erhebung entsteht eine Zeitreihe, welche seit 1994 fortgeführt wird und Analysen der zeitlichen Entwicklung von Mobilität ermöglicht. Das MOP erlaubt es dadurch, Trends zu identifizieren, Prozesse zu analysieren und daraus Erkenntnisse abzuleiten, die für das Verständnis und eine vorausschauende Entwicklung von Mobilität zentral sind.

Nachfolgend sind lediglich die Daten der Erhebung zur Alltagsmobilität relevant. Auf die Fahrleistungserhebung wird nicht näher eingegangen. Weitere Informationen zum MOP können den jährlichen Projektberichten entnommen werden, siehe bspw. den Bericht der Erhebungswelle 2016/2017 (Eisenmann et al. 2018). Das MOP ist die zentrale Datenquelle für die beschriebenen Analysen und die durchgeführte Modellentwicklung dieser Arbeit. Die Abwägung und Entscheidung für die Verwendung des MOP gegenüber anderen Datenquellen basiert auf vier Aspekten:

1. Das MOP umfasst im Vergleich zu anderen Erhebungen eine sehr große Teilnehmerzahl, vor allem durch die Kombination verschiedener Jahrgänge. Dies ermöglicht eine größere Vielfalt an Aktivitätenplänen, die zur Modellentwicklung benutzt werden können.

2. Das MOP ist eine Erhebung ohne regional einschränkenden Charakter und kann für beliebige Planungsräume in Deutschland verwendet werden. Aufgrund dieser breiten Anwendungsmöglichkeit wurden die Daten gegenüber ausländischen und regional beschränkten Erhebungsdaten priorisiert.

3. Die Daten des MOP sind aktueller als viele vergleichbare Erhebungen und werden laufend fortgeschrieben.

4. Das MOP ist eine Panelerhebung, deren Zeitreihe bis heute fortgeführt wird. Obgleich der Panelcharakter der Erhebung in der aktuellen Version von *actiTopp* noch nicht genutzt wird, bietet die Nutzung der Daten des MOP die Möglichkeit, Aktivitätenpläne in einer Weiterentwicklung des Modells über mehrere Jahre zu verknüpfen.

2.2.2 Weitere Längsschnitterhebungen

Weltweit gibt es Längsschnitterhebungen im Mobilitätskontext bereits seit circa 70 Jahren. Die erste Erhebung datiert auf das Jahr 1949. In Cedar Rapids, Iowa, USA wurde über einen Zeitraum von 30 Tagen das Verkehrsverhalten von 256 Haushalten erfasst (Marble 1959). Ziel der Studie war die Analyse der

Wirkung von Werbepostern. Damit erfolgte die erste Erhebung dieser Art circa 20 Jahre vor den ersten Arbeiten des aktivitätenbasierten Verkehrsnachfrageansatzes. Während einer ersten Forschungswelle in den 1970er Jahren wurden weitere Längsschnitterhebungen in Uppsala, Schweden (149 Personen für den Zeitraum von 35 Tagen) (Hanson und Huff 1982) sowie in Reading, England (136 Personen für den Zeitraum von sieben Tagen) (Pas 1987) durchgeführt. Neben den über den Zeitraum einer Woche hinausgehenden Erhebungen in Cedar Rapids und Uppsala wurde in Karlsruhe und Halle in Deutschland 1999 das Verkehrsverhalten von 317 Personen über einen Zeitraum von sechs Wochen in der Erhebung „Mobidrive“ erfasst (Axhausen et al. 2002). Die Erhebung im Schweizer Kanton Thurgau im Jahre 2003 verwendete eine ähnliche Methodik und erfasste ebenfalls für sechs Wochen das Verkehrsverhalten von 230 Personen (Löchl 2005). Nach Kenntnis des Autors sind diese vier Erhebungen die einzigen, die einen Zeitraum von mehr als einer Woche betrachtet haben.

Mehrtägige Erhebungen von bis zu einer Woche wurden und werden in verschiedenen Ländern durchgeführt, teilweise kombiniert mit Panelerhebungen. Längsschnitterhebungen mit Panelcharakter gab es unter anderem im nordamerikanischen Raum in Seattle. Das „Puget Sound Transportation Panel“ wurde von 1989 bis 2002 in zehn Wellen mit jeweils circa 1 700 Haushalten durchgeführt (Puget Sound Regional Council 2018b). In der Folge gab es in der Region weitere Längsschnitterhebungen ohne Panelcharakter, zuletzt 2017 (Puget Sound Regional Council 2018a). Die Erhebung „Toronto Travel-Activity Panel Survey” in Kanada erhob in drei Wellen Anfang der 2000er Jahre das Verhalten von circa 250 Haushalten. Auch in Europa wurden und werden entsprechende Erhebungen durchgeführt, zum Beispiel in den Niederlanden. Die Erhebung „Dutch Mobility Panel“ (van Wissen und Meurs 1989) erfasste in zehn Wellen in den 1980er Jahren jeweils circa 1 500 Haushalte über den Zeitraum einer Woche. Die Erhebung wird seit 2013 als „The Netherlands Mobility Panel“ in einer aktualisierten Form weitergeführt (Hoogendoorn-Lanser et al. 2015). In Deutschland wird mit dem Deutschen Mobilitätspanel seit 1994 jährlich eine Längsschnitterhebung als Panel durchgeführt (siehe Abschnitt 2.2.1). In Großbritannien existiert die seit 1965 zunächst unregelmäßige und seit 1988 kontinuierliche Erhebung „National Travel Survey", die Wege im Zeitraum von sieben Tagen erfasst (Cornick et al. 2018). Die Erhebung erfolgt ohne Panelcharakter. Eine Übersicht über weitere durchgeführte Längsschnitterhebungen bis Anfang der 2000er Jahre kann der Arbeit von Buliung et al. (2008) entnommen werden. Im deutschsprachigen Raum existiert zudem die 2009/2010 durchgeführte Erhebung des Verbands Region Stuttgart mit einer Dauer von sieben Tagen und einer Stichprobengröße von 4 709 Haushalten (siehe Abschnitt 5.1).

2.3 Verkehrsnachfragemodellierung

Verkehrsnachfragemodelle sind Bestandteil der Modelle, die zur Verkehrsplanung genutzt werden. Sie bilden das Entscheidungsverhalten von Personen nach und erklären damit durchgeführte Ortsveränderungen. Sie grenzen sich vor allem im zeitlichen Horizont von anderen Modellen in der Verkehrsplanung ab (siehe Abbildung 2.2). Flächennutzungsmodelle modellieren Standortwahlen und bilden damit langfristigere Prozesse wie veränderte Siedlungsstrukturen ab. Verfügbarkeitsmodelle modellieren Entscheidungen über bspw. den Besitz einer ÖV-Zeitkarte. Diese Verfügbarkeiten können nachfolgende Entscheidungen der Nachfragemodellierung wie die Wahl des Verkehrsmittels beeinflussen. Die Trennung ist daher nicht immer eindeutig und Verfügbarkeitsmodelle werden in der Literatur bisweilen auch als Teil der Nachfragemodellierung dargestellt. Verkehrsflussmodelle hingegen modellieren den bspw. auf der Straße durchgeführten Verkehr mit Entscheidungen wie der Wahl der Geschwindigkeit oder der Fahrspur. Die dort betrachteten Entscheidungen sind räumlich und zeitlich feiner aufgelöst als in der Verkehrsnachfragemodellierung. Diese betrachtet Modellierungszeiträume bis zu einer Woche und die feinste Modellierungseinheit ist in der Regel eine Minute.

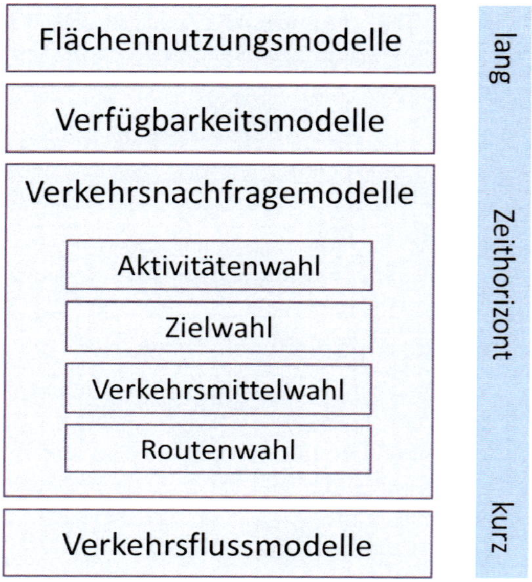

Abbildung 2.2: Abgrenzung Verkehrsmodelle

Abbildung 2.2 stellt die vier Schritte dar, in die der Entscheidungsprozess zur Durchführung eines Weges in der Verkehrsnachfragemodellierung unterteilt wird. In der Modellierung werden diese Schritte teilweise voneinander getrennt, teilweise integriert betrachtet. Quelle für Verkehr sind die von Personen durchgeführten Aktivitäten. Zugrundeliegende Theorien dieses Ansatzes werden nachfolgend in Abschnitt 2.3.1 dargestellt. Abschnitt 2.3.2 grenzt die im weiteren Verlauf der Arbeit betrachteten mikroskopischen Verkehrsnachfragemodelle von anderen Typisierungen ab. Abschnitt 2.3.3 stellt verschiedene Gruppen mikroskopischer Verkehrsnachfragemodelle dar und Abschnitt 2.3.4 betrachtet im Speziellen das Modell mobiTopp, in dessen Rahmen diese Dissertation entstanden ist.

2.3.1 Aktivitäten als Quelle für Verkehr

Der Ansatz, Aktivitäten als zentrales Element des Entstehens von Verkehrsnachfrage zu sehen, existiert bereits seit circa 50 Jahren. Erste Untersuchungen zu Aktivitäten und deren Rahmenbedingungen werden vor allem von Forschern aus dem Bereich der Raumplanung durchgeführt. Sie betrachten Aktivitäten und deren Rahmenbedingungen in Zusammenhang mit gesellschaftlichen Fragestellungen und raumstrukturellen Entwicklungen. Hägerstrand (1970) formalisiert die Randbedingungen, durch die die Ausführung von Aktivitäten beeinflusst wird, in seinem Werk „What about people in regional science?". Als Geograf betrachtet er neben zeitlichen vor allem räumliche Aspekte. Abweichend von der, bis zu dem Zeitpunkt oft verwendeten, Betrachtungsweise des Aggregats stellt er zudem das Individuum selbst, und seine direkten Verbindungen zur Umwelt (in Form des Haushalts) in den Mittelpunkt seiner Betrachtungen. Seine Arbeit unterscheidet drei Arten von Restriktionen:

1. **Beschränkungen durch persönliche Leistungsfähigkeit (capability constraints):** Aktivitäten von Personen werden durch die persönliche Leistungsfähigkeit beeinflusst. Menschen müssen in regelmäßigen Abständen Grundbedürfnisse wie Schlafen oder Essen befriedigen. Dadurch ist die Durchführung anderer Aktivitäten auf natürliche Weise limitiert und wird unterbrochen. Aufgrund der zwingenden Durchführung dieser Bedürfnisse sind Aktivitäten sowohl räumlich wie auch zeitlich determiniert. Eine einzelne Aktivität kann eine maximale zeitliche Ausdehnung vom Ende eines Grundbedürfnisses bis zum Beginn eines zweiten Grundbedürfnisses haben. Es kann maximal der Weg zurückgelegt werden, der in der zeitlichen Lücke zwischen den beiden Grundbedürfnissen überwunden werden kann. Verbesserungen im Transportsystem können zwar dafür sorgen, dieses Raum-Zeit-Prisma, wie Hägerstrand die Beschränkung definiert, zu vergrößern, jedoch wird es immer beschränkt bleiben.

2. **Beschränkungen durch persönliche Verbindungen (coupling constraints):** Aktivitäten werden zeitlich und räumlich durch andere Personen beeinflusst und eingeschränkt. Beschränkungen können unter anderem durch Treffen mit Freunden oder die Erwerbstätigkeit (Termine mit Kollegen oder Präsenzpflicht am Arbeitsplatz) entstehen.

3. **Beschränkungen durch Befugnisse (authority constraints):** Die Möglichkeiten zur Durchführung von Aktivitäten werden räumlich durch Befugnisse eingeschränkt. Diese Befugnisse können auf verschiedenen Ebenen auftreten. Gebiete sind zum Beispiel nur für bestimmte Nutzergruppen zugänglich. Beschränkungen durch Befugnisse existieren jedoch auch kleinräumiger, bspw. erlaubt es eine Kinokarte in der Regel nicht, jeden beliebigen Platz zu besetzen.

Chapin (1974) entwirft ein Modell zur Erklärung der Einflussgrößen für die Aktivitätennachfrage. Er bezieht persönliche Faktoren der Personen (preconditioning factors) wie den sozialen Status, Rollenbilder oder soziodemografische Charakteristika sowie Motivationen und Einstellungen (predisposing factors) in das Modell mit ein. Damit erklärt er Aktivitäten aus einer anderen Perspektive wie Hägerstrand. Chapin betrachtet zwar Menschen in Gruppen (also im Aggregat), jedoch lassen sich seine Erkenntnisse auch auf das Individuum übertragen. Für Chapin spielen Eigenschaften einer Gruppe wie sozialer Status (und damit auch die Eigenschaften jeder einzelnen Person dieser Gruppe) eine entscheidende Rolle zur Durchführung von Aktivitäten. Aktivitäten werden durchgeführt, wenn erstens Möglichkeiten zur Durchführung gegeben sind (es gibt ein Angebot) und zweitens der Wunsch danach besteht (es gibt eine Nachfrage).

Im Verlauf der 1970er Jahre entstehen eine Vielzahl weiterer empirischer Studien zur Analyse der Zeitverwendung bzw. der Zeit-Raum-Verwendung für Aktivitäten und den Einflussfaktoren zur Durchführung von Aktivitäten. Jones (1979) fasst die Erkenntnisse von Hägerstrand und Chapin zusammen. Hägerstrand legt die auf Personen einwirkenden Beschränkungen zur Durchführung von Aktivitäten in den Mittelpunkt seiner Betrachtungen. Chapin hingegen fokussiert seine Untersuchungen auf Motivationen, Einstellungen und

Wahrnehmungen von Personen als Einflussgrößen zur Durchführung von Aktivitäten. Zusammenfassend beschreibt Jones Aktivitäten als Wahlentscheidungen unter beschränkten Rahmenbedingungen.
In der Folgezeit werden weitere Analysen zum grundlegenden Verständnis von Verkehrsverhalten veröffentlicht. Jones et al. (1983) beschreiben in ihrem Werk „Understanding Travel Behaviour" Ergebnisse durchgeführter Studien. Als Gemeinschaftsarbeit der Autoren aus den Bereichen Raumplanung, Psychologie und Mathematik untersuchen sie Verkehrsverhalten aus verschiedenen Perspektiven. Die Entstehung des aktivitätenbasierten Ansatzes ab den 1970er Jahren lässt sich auch auf die verkehrlichen Entwicklungen der Zeit zurückführen. So führen die Autoren aus, dass verkehrsplanerische Maßnahmen in der Zeit vielfach Effekte ausgelöst haben, die im Vorfeld grundsätzlich anders erwartet wurden. Jones et al. (1983) formulieren sieben Schlüsselaussagen zu Aktivitäten:

1. **Aktivitäten:** Aktivitäten sind primär, Wege sind sekundär.
2. **Zeit-Raum:** Aktivitäten finden an einem eindeutigen Punkt in Raum und Zeit statt. Daher sind, neben Quelle und Ziel einer Aktivität, Reihenfolge und Zeitpunkt als beschreibende Größe wichtig. Die Sequenz mehrerer Aktivitäten muss dabei als zusammenhängender Plan und nicht als Serie unabhängiger Ereignisse gesehen werden.
3. **Beschränkungen:** Die Möglichkeiten zur Durchführung von Wegen sind beschränkt durch (a) die Ziele, an denen Aktivitäten stattfinden können, (b) die Zeitpunkte, an denen die Aktivitäten stattfinden können und (c) die Verfügbarkeiten und Kosten der Transportmittel.
4. **Haushalte:** Aktivitätenpläne von Personen innerhalb eines Haushalts sind verknüpft. Daher ist die Einbeziehung von Haushaltseigenschaften für die Analyse von Verkehrsverhalten wichtig.
5. **Wechselwirkungen:** Zum Verständnis von Verkehrsverhalten müssen Wechselwirkungen zwischen Aktivitätenplänen und Wegen sowie zwischen Haushaltsmitgliedern und Eigenschaften des Haushalts betrachtet werden.

6. **Anpassungen:** Bei der Analyse von Aktivitäten spielt das Thema Stabilität eine große Rolle. Aktivitäten als Ergebnis verschiedener Beschränkungen und Wechselwirkungen zu sehen macht es schwer, diese als volatil und leicht änderbar aufgrund planerischer Maßnahmen zu betrachten. Dennoch ermitteln die Autoren der Studie ein großes Anpassungspotenzial von Haushalten aufgrund planerischer Maßnahmen.

7. **Veränderung:** Analysen im zeitlichen Verlauf zu Anpassungen aufgrund planerischer Maßnahmen müssen im Kontext der generellen Veränderung gesehen werden. Durch das reine „Altern" eines Haushalts oder aufgrund besonderer Ereignisse wie Tod, Geburten, Umzüge etc. verändern sich dessen Gewohnheiten. Dies ist, wenn durch Analysen möglich, von der Reaktion auf planerische Maßnahmen zu trennen.

Jones et al. (1983) formulieren in ihrem Werk Thesen und Erkenntnisse, die Verkehrsplanung und auch deren Modellierung bis heute zentral beeinflussen. Sie motivieren zudem die Nutzung von Erhebungsdaten auf Haushaltsbasis im Längsschnitt. Zusammenhänge zwischen persönlichen Eigenschaften und durchgeführten Aktivitäten werden auch von Pas (1984) empirisch untersucht. Zusammenfassend ergibt sich aus diesen frühen Arbeiten zum Themenkomplex „Aktivitäten" die Definition der Verkehrsnachfrage als abgeleitete Nachfrage der Durchführung von Aktivitäten. Durch verschiedene Bedürfnisse streben Personen nach der Ausführung von Aktivitäten. Aufgrund von Rahmenbedingungen und Einschränkungen kann dafür die Notwendigkeit einer Ortsveränderung gegeben sein, wodurch Verkehr entsteht. Zum Verständnis der Verkehrsnachfrage ist es daher zentral, die verschiedenen Rahmenbedingungen und Faktoren des Bedürfnisses nach Aktivitäten zu verstehen. Detailliertere Zusammenfassungen der verschiedenen Studien und Entwicklungen der 1970er und 1980er Jahren können den Werken von Jones (1979) und Kitamura (1988) entnommen werden.

Das von Hägerstrand eingeführte Konzept des Raum-Zeit-Prismas kann für eine erste Beschreibung eines Aktivitätenplans genutzt werden. Ein typischer

Tagesablauf eines Erwerbstätigen kann folgendermaßen aussehen: zu Hause – Arbeiten – Einkaufen – zu Hause. Die räumliche Komponente (Aufenthaltsort) für die Aktivitäten zu Hause und Arbeiten ist in der Regel längerfristig festgelegt. Werden nun diese beiden Aktivitäten als Zwangsbedürfnisse interpretiert, ist auch deren zeitlicher Anteil fixiert, und das mögliche Raum-Zeit-Prisma teilt sich in zwei separate Prismen für die flexiblen zeitlichen und räumlichen Anteile auf (siehe Abbildung 2.3).

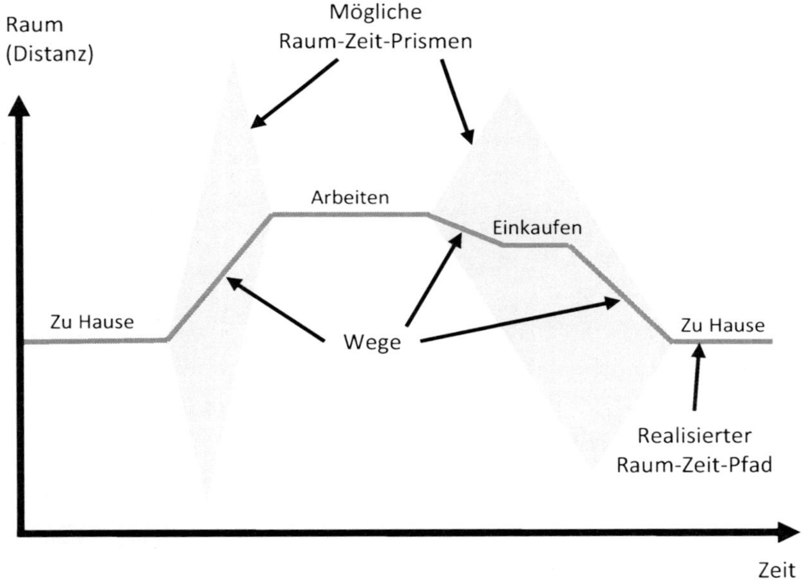

Abbildung 2.3: Beispielhafter Tagesablauf mit Raum-Zeit-Prismen (Eigene Darstellung in Anlehnung an Hägerstrand (1970))

Die Abbildung vereinfacht die Darstellung des Raumes von der zweidimensionalen Darstellung auf eine Dimension zur Darstellung der Distanz. Die Prismen definieren über die ausgehenden Winkel der zeitlichen Anfangs- und Endpunkte die maximal mögliche Fortbewegungsgeschwindigkeit. Bei der

Nutzung unterschiedlicher Verkehrsmittel sind diese daher unterschiedlich steil geneigt. Steigende Geschwindigkeiten von Verkehrsmitteln vergrößern die Prismen in räumlicher Dimension, was die maximal erreichbare Distanz steigert. Insgesamt sind jedoch nur Teile des Tages räumlich und zeitlich flexibel gestaltbar. Dieses Konzept von reduzierten Freiheitsgraden zur Gestaltung des Tagesplans mit nur bedingt verfügbaren Prismen wurde 1979 von Jones als „Activity-Travel Framework" beschrieben. Personen durchlaufen den Tag und damit die Prismen in kontinuierlicher zeitlicher Abfolge, ohne die Möglichkeit von Rückschritten. Kein Zeitpunkt kann mehr als einmal durchlaufen werden. Gleichzeitig befindet sich die Person zu jedem Zeitpunkt an einem bestimmten Ort. Damit definieren sie einen Raum-Zeit-Pfad. Durch Beschränkungen aufgrund persönlicher Verbindungen können sich die Raum-Zeit-Pfade verschiedener Personen temporär überlappen, bspw. durch die Ausführung gemeinsamer Aktivitäten.

2.3.2 Modellabgrenzungen

Verkehrsnachfragemodelle können nach verschiedenen Kriterien voneinander abgegrenzt werden. Zwei wichtige Kriterien sind die Aggregationsebene der Modelle und die Betrachtungseinheit (siehe Abbildung 2.4).
Bezüglich der Aggregationsebene werden makroskopische und mikroskopische Modelle unterschieden. Makroskopische Modelle analysieren Personengruppen. Die im Modell betrachteten Personen werden in homogene Gruppen unterteilt (zum Beispiel hinsichtlich ihres Erwerbsstatus oder ihres Alters) und gemeinsam betrachtet. Makroskopische Modelle sind in der Verkehrsplanung ein elementarer Baustein und werden in der Praxis häufig eingesetzt. Es gibt vielfältige Erfahrungen sowie für die Praxis verfügbare Software zur Erstellung makroskopischer Verkehrsnachfragemodelle.

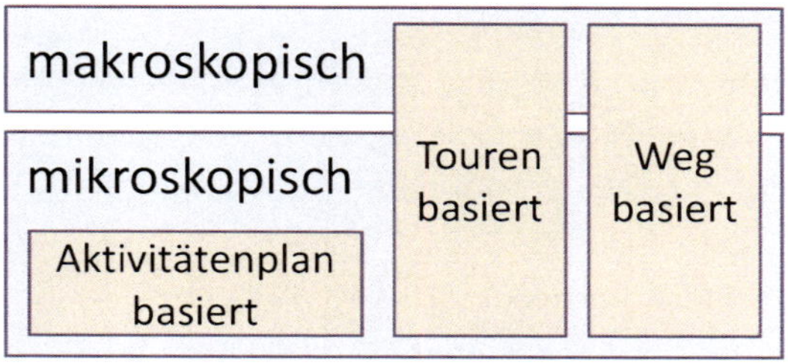

Abbildung 2.4: Abgrenzungskriterien Verkehrsnachfragemodelle

Mikroskopische Modelle betrachten als Analyseeinheit anstatt von Gruppen einzelne Personen. Dadurch ergeben sich Vor- und Nachteile gegenüber makroskopischen Modellen. Sie ermöglichen eine genauere zeitliche und räumliche Modellierung. Wahlentscheidungen von Personen und Reaktionen auf Planungsmaßnahmen können individuell modelliert und analysiert werden. Es besteht durch die Mikrosimulation einfacher die Möglichkeit, verschiedene Eigenschaften der Personen an unterschiedlichen Stellen in die Modellierung einfließen zu lassen, da keine Gruppenbildung erfolgt. Personen können mit Wechselwirkungen zu anderen Personen wie Haushaltsmitgliedern modelliert werden. Weitere Vorteile werden von Vovsha et al. (2002) oder Castiglione et al. (2014) beschrieben. Den Vorteilen stehen unter anderem eine umfangreichere notwendige Datenbasis und die oftmals höhere Komplexität gegenüber. In der Praxis werden mikroskopische Nachfragemodelle vor allem in den USA intensiv genutzt (siehe Abschnitt 2.3.3). Es existiert jedoch weniger kommerzielle oder weit verbreitete Software zur mikroskopischen Verkehrsnachfragemodellierung.

Neben der Unterscheidung von Mikro und Makro wird die Betrachtungseinheit in Form der Modellierung von Wegen, Touren oder Aktivitätenplänen (mindestens ein Tag) differenziert. Diese Einteilung (siehe Abbildung 2.4) ist nicht gänzlich überschneidungsfrei mit der Mikro-/Makro-Betrachtung. Makromodelle modellieren Wege oder die Zusammenfassung von Wegen in Touren. Jedoch existierten anfänglich auch im mikroskopischen Bereich Modelle auf Wege- und Tourenbasis. Mittlerweile ist die Modellierung von Aktivitätenplänen dort jedoch gängige Praxis. Die Modellierung von Aktivitätenplänen, das heißt die gemeinsame Betrachtung der Aktivitäten mindestens eines Tages, resultiert in einer großen Anzahl verschiedener möglicher Pläne. Damit ist eine Zusammenfassung in Personengruppen mit gleichen Plänen schwierig. Modelle, die Aktivitätenpläne modellieren, sind daher ausschließlich mikroskopisch.

Gerade im englischen Sprachgebrauch sind die Unterscheidungen nicht ganz eindeutig. Die Bezeichnung „activity based travel models" bezeichnet in der Regel mikroskopische Modelle. Der Term „activity based" bezeichnet dabei allerdings weniger die Grundannahme, dass Aktivitäten für Wege verantwortlich sind (die auch für Makromodelle gilt), sondern vielmehr die Modellierung von Aktivitätenplänen statt einzelnen Wegen. Makroskopische Modelle werden im Englischen als „trip based travel models" bezeichnet. Eine Abgrenzung der englischen Bezeichnungen erfolgt bspw. in Castiglione et al. (2014). Weiterhin wird im Kontext mikroskopischer Verkehrsnachfragemodelle der Term „agentenbasiertes Modell" benutzt. Hierbei handelt es sich um einen Begriff, der sich vor allem auf die Implementierung der Modelle bezieht. Personen werden dort als Agenten abgebildet, das heißt als virtuelle Personen mit ihren Eigenschaften und Kontexten. In dem Fall verwenden Arbeiten der Literatur den Begriff „agentenbasiert".

Die Modellierung von Wochenaktivitätenplänen erfordert wie dargestellt einen mikroskopischen Modellansatz, sodass in der Folge die Betrachtung ausschließlich auf mikroskopischen Verkehrsnachfragemodellen liegt.

2.3.3 Mikroskopische Verkehrsnachfragemodelle

Aus der Literatur lassen sich zwei Gruppen mikroskopischer Verkehrsnachfragemodelle unterscheiden: ökonometrische, nutzenbasierte Modelle sowie regelbasierte Modelle.

Ökonometrische, nutzenbasierte Modelle teilen Annahmen aus dem Bereich der Konsumententheorie in der Volkswirtschaftslehre. Becker (1965) und Linder (1971) beschäftigen sich mit dem Thema Zeitverwendung für Aktivitäten und postulieren Bedingungen zur Wahl von Aktivitäten. Es gilt der Ansatz der Nutzenmaximierung. Jede Durchführung einer Aktivität ist mit einem

Nutzen verbunden, der bspw. durch die Dauer, die Häufigkeit, den Zweck der Aktivität oder durch das mit der Aktivität verdiente oder ausgegebene Geld beeinflusst wird. Die Durchführung von Wegen bedeutet in der Regel einen negativen Nutzen. Menschen versuchen über den betrachteten Zeitraum ihren Gesamtnutzen aus allen Aktivitäten und Wegen zu maximieren. Erste Modelle dieser Gruppe betrachten zwar mikroskopisch Personen und zugehörige Haushalte, modellieren jedoch Wege statt kompletter Aktivitätenpläne. Diese wurden im Verlauf der 1970er Jahre für Washington D.C. (Ben-Akiva et al. 1977; zitiert nach Ben-Akiva und Bowman 1998) und San Francisco (Ruiter und Ben-Akiva 1978) in den USA entwickelt. Die Modelle entwickelten sich mit der Modellierung von Touren statt Wegen weiter, bspw. für die Niederlande (Daly et al. 1983; zitiert nach Ben-Akiva und Bowman 1998) oder für Stockholm (Algers et al. 1995; zitiert nach Ben-Akiva und Bowman 1998). Eine ausführliche geschichtliche Zusammenfassung findet sich in der Arbeit von Ben-Akiva und Bowman (1998). Die bis heute weitgehend genutzte Modellierung von Tagesaktivitätenplänen wurde Ende der 1990er Jahre von John Bowman entwickelt (Bowman 1998; Bowman und Ben-Akiva 2000). Der Ansatz geht über das Konzept von Touren hinaus und implementiert den Tag als Modellierungsgröße für Aktivitätenpläne. Diese Grundidee wurde seitdem in einer Vielzahl verschiedener Modelle für Planungsorganisationen in den USA, zum Beispiel in Portland, San Francisco, New York oder Sacramento genutzt (Bowman 2009). Ein Teil des SimMobility Modellframeworks (Adnan et al. 2016) basiert ebenfalls auf dem Ansatz von Bowman. Andere Modellbeispiele dieser Gruppe sind CEMDAP (Bhat et al. 2004; Pinjari und Bhat 2011) oder CT-RAMP (Davidson et al. 2010).

Neben ökonometrischen, nutzenbasierten Modellen existieren regelbasierte Verkehrsnachfragemodelle. Der Entscheidungsprozess zur Aktivitätendurchführung wird als komplexes System aus verfügbaren Informationen und vor allem der bereits gemachten Erfahrung beschrieben, das über die reine Nutzenmaximierung hinausgeht. Modelle dieser Art verwenden Heuristiken und Regeln zur Entscheidungsfindung, die bspw. über Entscheidungsbäume abgeleitet werden. STARCHILD (Recker et al. 1986a, 1986b) ist eines des ersten Modelle dieser Art. Es folgen u. a. AMOS (Kitamura et al. 1996) sowie das

ALBATROSS Framework (Arentze et al. 2000), das 2018 in einer weiterentwickelten Version beschrieben wird (Rasouli et al. 2018). Das Modell TASHA (Miller und Roorda 2003; Roorda et al. 2008) ist ebenfalls in die Gruppe der regelbasierten Modelle einzuordnen. Aktivitäten werden in dem Modell Projekten zugeordnet, welche dann in der Simulation regelbasiert zu Tagesabläufen zusammengesetzt werden.
Weiterhin existieren Modelle, die sich keiner der beiden Gruppen explizit zuordnen lassen. Sie gehen über die reine Nachfragemodellierung wie sie in Abbildung 2.2 abgegrenzt wurde hinaus und integrieren zusätzlich Modelle zur dynamischen Verkehrsflusssimulation oder der Flächennutzung. In diese Gruppe fallen unter anderem das Open-Source verfügbare Framework MATSim (Horni et al. 2016), das Framework SimMobility (Adnan et al. 2016) oder das Framework POLARIS (Auld et al. 2016). Auch existieren Modellkombinationen wie MATSim mit CEMDAP als Lieferant für Aktivitätenketten (Ziemke et al. 2015). Umfangreichere Zusammenfassungen und Einordnungen weiterer Modelle können unter anderem in den Arbeiten von Widmer und Axhausen (2001), Pinjari und Bhat (2011) oder der Dissertation von Mallig (2019) nachgelesen werden.

2.3.4 Das Verkehrsnachfragemodell mobiTopp

mobiTopp ist ein mikroskopisches Verkehrsnachfragemodell, das am Institut für Verkehrswesen des KIT entwickelt wird. Zur Simulation der Verkehrsnachfrage wird jede Person im Modell durch einen Agenten abgebildet. Dieser wählt zu Beginn der Modellierung ein Aktivitätenprogramm, welches in der Simulation von einer Woche durchgeführt wird. Für die Durchführung der Aktivitäten werden Wege absolviert, deren Ziele und Verkehrsmittel unter Berücksichtigung von Randbedingungen wie Wohn- oder Arbeitsort und der Verfügbarkeit von Verkehrsmitteln gewählt werden.
mobiTopp ist, gemäß der Kategorisierung im vorherigen Abschnitt, den nutzenbasierten Modellen zuzuordnen. Es setzt die ersten drei Schritte der Verkehrsnachfragemodellierung (Aktivitäten-, Ziel- und Verkehrsmittelwahl) um (siehe Abbildung 2.5). Für die Routenwahl können externe Tools genutzt

werden. Der Modellierungszeitraum in mobiTopp beträgt eine Woche. Die zeitliche Auflösung der Modellierung ist minutengenau und die räumliche Auflösung basiert auf Verkehrszellen. Ergebnis der Simulation ist eine Liste von Wegen für jeden Agenten. Die Wege, als Ergebnis durchgeführter Aktivitäten, enthalten unter anderem Informationen zu genutzten Zielen, Verkehrsmitteln, Zwecken, Abfahrtszeiten, Dauern und zurückgelegten Distanzen.

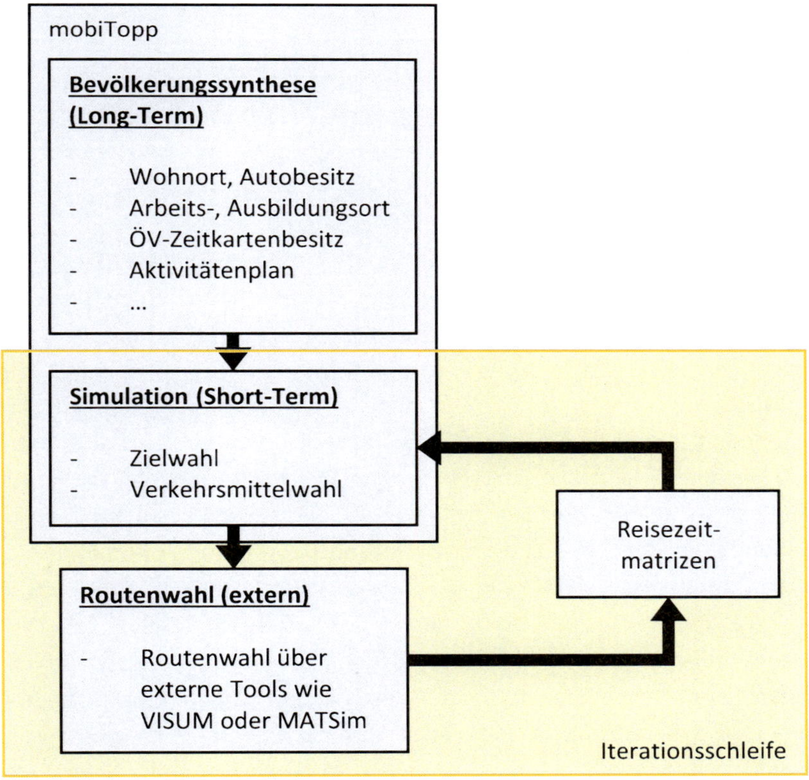

Abbildung 2.5: Modellstruktur mobiTopp

mobiTopp besteht aus den zwei Modellteilen Bevölkerungssynthese sowie Simulation aller Wege und Aktivitäten einer Woche. Die Unterteilung kann auch zeitlich interpretiert werden. Die Bevölkerungssynthese beschreibt alle Aspekte, die sich im Verlauf der modellierten Woche nicht ändern (Long-Term). Nach Abgrenzung in Abbildung 2.2 werden damit auch Aspekte umgesetzt, die über die reine Verkehrsnachfragemodellierung hinausgehen. In der Bevölkerungssynthese werden die Agenten in Haushalten erzeugt und für die Planungsregion innerhalb der Verkehrszellen verteilt, sodass die Personen und Haushalte hinsichtlich ihrer Soziodemografie auf Zellenebene der Realität des Planungsraums entsprechen. Das Long-Term-Modell legt für jeden Haushalt bzw. jede Person weitere langfristige Charakteristika, bspw. den Arbeitsort, den Besitz von Pkw oder ÖV-Zeitkarten oder die Mitgliedschaft bei Carsharing-Organisationen fest. Ebenfalls wird in dieser Phase aktuell ein auszuführendes Aktivitätenprogramm aus Erhebungsdaten übernommen.

Das Short-Term-Modell beinhaltet die Simulation der Modellwoche mit Ziel- und Verkehrsmittelwahl für alle Wege bzw. Aktivitäten. Durch den Modellierungszeitraum einer Woche ist das Thema intrapersonelle Variation auch in der Ziel- und Verkehrsmittelwahl relevant. Personen wählen Ziele im Verlauf der Woche nicht immer zufällig und auch die wiederholte Nutzung gleicher Verkehrsmittel kann beobachtet werden. In mobiTopp werden in der Zielwahl dafür fixe und flexible Ziele unterschieden. Die fixen Ziele Wohn- sowie Arbeits- oder Ausbildungsort werden im Long-Term-Modell bestimmt. Nur für flexible Ziele findet daher eine Zielwahl im Short-Term-Modell statt. Damit ist sichergestellt, dass Personen immer zum gleichen Wohnort zurückkehren und jeden Tag am gleichen Ort arbeiten. Für die Zielwahl flexibler Ziele existieren unterschiedliche Implementierungen. So geht bspw. das jeweils nächste fixe Ziel mit in die Entscheidung ein. Personen wählen zum Einkaufen damit eher ein Ziel auf dem Weg nach Hause als zunächst vom Arbeitsort in die entgegengesetzte Richtung zu fahren. Auch die Unterscheidung zwischen bereits gewählten Zielen und neuen Zielen kann Bestandteil des Auswahlprozesses sein. Für die Verkehrsmittelwahl wird unter anderem die Wahl des ersten Verkehrsmittels einer Tour sowie des Verkehrsmittels für alle weiteren Wege auf der Tour unterschieden. Wählt der Agent zum Start der Tour den

Pkw, so muss dieser auf den weiteren Wegen mitgeführt werden, bis der Agent erneut nach Hause zurückkehrt. Eine Erweiterung der Verkehrsmittelwahl mit der Wahl für Touren und Subtouren zur Abbildung von Stabilitätsaspekten wird in der Dissertation von Mallig (2019) beschrieben.

Die aus der Short-Term-Modellierung resultierenden Ergebnisdaten können anschließend in einem externen Tool für die Routenwahl benutzt werden. Als Ergebnis der Routenwahl können Reisezeitmatrizen erneut in mobiTopp importiert werden. Durch die aktualisierten Matrizen kann sich die Attraktivität von Zielen oder die Fahrzeit mit Verkehrsmitteln im Vergleich zum vorherigen Zustand ändern, was in der nächsten Modellausführung erneut zu veränderten Simulationsergebnissen führt. Für diese Ergebnisse kann erneut eine Routenwahl durchgeführt werden, was zu wiederum veränderten Reisezeitmatrizen führt. Durch die damit durchgeführte Iterationsschleife werden Reaktionen der Agenten auf Planungsmaßnahmen abgebildet. Schnittstellen zur Routenwahl bestehen aus Projektarbeiten zu der kommerziellen Software VISUM (Mallig 2019) und zu MATSim (Briem et al. 2019).

Eine Möglichkeit zur Modellerweiterung in mobiTopp ergibt sich im Bereich der Aktivitätenplanung. Bisher werden Aktivitätenpläne aus einer Mobilitätserhebung entnommen. Hierfür werden während der Bevölkerungssynthese des Modells die Aktivitätenpläne passender Haushalte aus der Befragung, entsprechend einiger Charakteristika, ausgewählt. Dadurch sind bei einer Implementierung des Modells bisher zwingend Längsschnittdaten erforderlich, um Aktivitätenpläne aus diesen zu übernehmen. Als Alternative dieses Prozesses kann das im Rahmen dieser Arbeit entwickelte und in Kapitel 4 beschriebene Modell *actiTopp* verwendet werden, das eine modellbasierte Generierung von Aktivitätenplänen durchführt.

In den letzten Jahren wurden das mobiTopp-Modell und dessen Funktionalität im Rahmen verschiedener Projekte stark erweitert. Das ursprünglich in der ersten Fassung für einen Tag konzipierte Modell wurde für die Implementierung im Großraum Stuttgart auf den Zeitraum einer Woche erweitert (Mallig et al. 2013; Hautzinger et al. 2013; Kagerbauer et al. 2015). Im Rahmen der Projekte „EVREST“ und „eVerkehrsraum Stuttgart“ wurde die Nutzung von Elektrofahrzeugen in das Modell implementiert (Mallig et al. 2016). Im Projekt

„eVerkehrsraum Stuttgart“ konnte zudem die Nutzung von Carsharing (Heilig et al. 2018) abgebildet und ein kombiniertes Ziel- und Verkehrsmittelwahlmodell (Heilig et al. 2017) entwickelt werden. In dem DFG-Projekt „Modellierung von Stabilität im Mobilitätsverhalten“ wurde die Stabilität in der Verkehrsmittelwahl betrachtet (Mallig und Vortisch 2017; Mallig 2019). Die Abbildung des ÖV-Angebots in mobiTopp wurde von Briem et al. (2017) integriert. Eine weitere Modellimplementierung für die Technologieregion Karlsruhe befindet sich im Projekt „regiomove“ in der Entwicklung (siehe Abschnitt 5.2). Eine ausführliche Beschreibung aller Modellkomponenten von mobiTopp findet sich in der Dissertation von Mallig (2019). mobiTopp ist seit 2018 als Open-Source-Projekt auf GitHub veröffentlicht.

2.4 Stand der Forschung

Die folgenden Abschnitte behandeln Aspekte von mikroskopischen Verkehrsnachfragemodellen bzw. Themen, die für das in Kapitel 4 präsentierte Modell *actiTopp* wichtige Bausteine darstellen. Zunächst werden in Abschnitt 2.4.1 Möglichkeiten zur Erzeugung von Aktivitätenplänen dargestellt. Anschließend präsentiert Abschnitt 2.4.2 Modellansätze, die über den Modellzeitraum von einem Tag hinausgehen. Abschließend betrachten die Abschnitte 2.4.3 und 2.4.4 die Entwicklung und den aktuellen Stand der Erforschung intrapersoneller Variation und gemeinsam durchgeführter Wege und Aktivitäten.

2.4.1 Erzeugung von Aktivitätenplänen

Die Möglichkeiten der Erzeugung von Aktivitätenplänen in Verkehrsnachfragemodellen orientieren sich an der Eingruppierung der Modelle in die zwei Gruppen ökonometrisch und regelbasiert. Ökonometrische Modelle nutzen unterschiedliche Modellierungstechniken wie logistische Regressionen oder Hazard-Modelle, welche die Dauer bis zum Eintreten eines Ereignisses bestimmen. Aktivitätenpläne werden auf Basis persönlicher Informationen (bspw. soziodemografischer Daten, Verfügbarkeit von Mobilitätsoptionen oder Informationen bezüglich Wohn-/ und Arbeitsort) erzeugt. Die Erzeugung von Aktivitätenplänen besteht dabei immer aus mehreren, miteinander kombinierten Entscheidungen. Einen Aktivitätenplan als singuläre Entscheidung zu modellieren ist aufgrund der hohen Anzahl an Freiheitsgraden nicht sinnvoll. Bhat und Koppelman stellen bereits 1993 ein Konzept zur Erzeugung von individuellen Aktivitätenplänen vor. Darin sind einige der später in Modellen implementierten Ideen wie die Aufteilung in verschiedene Teilmodelle oder die Unterscheidung zwischen Pflichtaktivitäten wie Arbeiten und Bildung sowie weiteren Aktivitäten bereits enthalten.

Viele Modelle der Praxis nutzen die von Bowman und Ben-Akiva (2000) präsentierte Modellstruktur (siehe Abbildung 2.6), welche auf der Dissertation „The Day Activity Schedule Approach to Travel Demand Analysis" von John Bowman (1998) basiert. Zunächst werden in Teilmodellen die primäre Aktivität, der Zweck der primären Tour sowie die Anzahl und der Zweck weiterer Touren festgelegt. Für jede Tour werden anschließend weitere Eigenschaften wie Ort, Startzeit, Endzeit und benutzte Verkehrsmittel bestimmt. Die Teilmodelle nutzen dabei logistische Regressionen. Sie bestehen jeweils aus einer festgelegten Anzahl an Alternativen, die mithilfe von Nutzenfunktionen bewertet werden (siehe Abschnitt 4.3.1 für eine Einführung in logistische Regressionen). Zur Simulation eines Aktivitätenplans wird eine Reihe von Zufallszahlen gezogen, die für alle Teilmodelle Entscheidungen auf Basis der Auswahlwahrscheinlichkeiten der Nutzenfunktionen generieren. Alle Entscheidungen zusammen beschreiben schließlich den in Teil (a) dargestellten Aktivitätenplan.

Das Modell CEMDAP (Bhat et al. 2004; Pinjari und Bhat 2011) differenziert bei der Modellierung aufgrund des prioritären Charakters von Arbeitsaktivitäten zunächst zwischen Erwerbstätigen und anderen Personen. Die Modellierung unterscheidet weiter zwei Teilmodelle zur Erzeugung der Anzahl an Aktivitäten und zur Zusammenstellung des gesamten Plans. Jedes dieser Teilmodelle verzweigt wiederum in weitere Teilmodelle. Auch hier erfolgt die Modellierung auf verschiedenen Ebenen: Aktivitätenplan (das heißt ein Tag), Tour und einzelne Aktivität.

(a) Itinerary

7:30 AM	Drive alone from home in zone A to work in zone B.
noon	Walk for lunch and personal business, returning to work.
4:40 PM	Depart for home, stopping at the bank in zone C
5:00 P.M.	Depart for home from the bank.
7:00 PM	Drive with family to mall in zone C for shopping.
10:00 PM	Return home.

(b) Model Representation

Activity Pattern

Primary activity	work
Primary tour type	home-work-other-work-other-home
Number and purpose of secondary tours	1 tour, purpose 'other'

Primary Tour

Primary stop	destination	zone B
	mode	drive alone
	time of day	AM peak
		PM peak
work-based subtour	destination	zone B
	mode	walk
	time of day	midday
		midday
after work stop	destination	zone C
	time of day	PM peak

Secondary Tour

Primary stop	destination	zone D
	mode	drive with passenger
	time of day	evening
		evening

Abbildung 2.6: Aktivitätenplanmodellierung nach Bowman und Ben-Akiva (2000) (a) Tagesaktivitätenplan, (b) Modelldarstellung

Regelbasierte Modelle nutzen, dem Namen entsprechend, Regeln und Heuristiken zur Erzeugung von Aktivitätenplänen. Im Unterschied zu ökonometrischen Modellen setzen sie in der Regel aber eine Menge verfügbarer Aktivitäten für eine Person voraus. Es erfolgt bei diesen Modellen daher keine vollständige Erzeugung von Aktivitäten. Der Fokus liegt vor allem auf der Implementierung von Verschiebe- und Ordnungsregeln zur Nachbildung des persönlichen Entscheidungsverhaltens. Im Modell ALBATROSS (Arentze et al. 2000) werden Aktivitätenpläne ebenfalls in mehreren Stufen verarbeitet. Die Entscheidungsfindung funktioniert über in der Modellierung bestimmte Entscheidungsbäume. Das Modell TASHA (Miller und Roorda 2003; Roorda et al. 2008) erzeugt Aktivitätenpläne regelbasiert auf Basis empirischer Daten des Erhebungsinstruments CHASE, das in Toronto entwickelt wurde (Doherty et al. 2002). Dazu werden Aktivitäten zunächst Projekten zugeordnet, bspw. kann das Projekt „Abendessen veranstalten“ sowohl aus dem zugehörigen Einkauf, dem Zubereiten wie auch dem Essen selbst bestehen. Häufigkeit, Beginn und Dauer der Aktivitäten werden aus CHASE-Daten ermittelt. Mögliche Konflikte beim Hinzufügen verschiedener Aktivitäten zu Projekten werden durch Regeln zum Kürzen, Verschieben oder Teilen von Aktivitäten gelöst. Das Tagesprogramm wird im zweiten Schritt auf Basis der durchzuführenden Projekte regelbasiert und sequenziell aus den Aktivitäten zusammengesetzt.

Neben diesen zwei Gruppierungen gibt es weitere Ansätze, die verschiedene Aspekte vereinen. Das Modell ADAPTS (Auld und Mohammadian 2009) nutzt Hazard-Modelle zur Erzeugung von Aktivitätenplänen und gleichzeitig werden die Pläne auf einer dynamischen Basis unter Nutzung von Umplanungsregeln erzeugt und angepasst.

2.4.2 Längsschnittsimulationen

Die meisten Verkehrsnachfragemodelle betrachten den Zeitraum eines Tages. Für Fragen der Infrastrukturnutzung und im Hinblick auf verfügbare Inputdaten ist das verständlich und nachvollziehbar. Geht es bei Planungen oft um die Auslegung der Infrastruktur, ist hier vor allem die Belastung innerhalb der Spitzenstunden relevant. Hierfür genügt in der Regel die Simulation eines

Werktages. Zudem limitiert die Datenverfügbarkeit entsprechender Erhebungen sowie die dadurch erhöhte Modellkomplexität die Erweiterung über den Tag hinaus. Längere Modellierungszeiträume ermöglichen jedoch erweiterte Analysemöglichkeiten. So können intrapersonelle Verhaltensvariationen abgebildet und die Reaktion auf Planungsmaßnahmen besser simuliert und untersucht werden. Obgleich die Forschung seit vielen Jahren Interesse an empirischen Untersuchungen zu intrapersoneller Variation zeigt (siehe nachfolgend Abschnitt 2.4.3), gibt es nur sehr wenig Forschungsaktivitäten, diese Erkenntnisse auch in Verkehrsnachfragemodelle einfließen zu lassen. Die Modellierung von Zeiträumen, die über einen Tag hinausgehen, ist bisher selten. Ein Verkehrsmodell, welches den Zeitraum einer Woche simuliert und in Anwendungsfällen erprobt und getestet wurde, ist das mobiTopp-Modell (siehe Abschnitt 2.3.4). Hirsh et al. beschreiben bereits 1986 ein Modell zur Wahl von Einkaufsaktivitäten im Zeitraum einer Woche. Zum Anfang der Woche wird das Aktivitätenmuster der ganzen Woche gewählt, welches im Verlauf in regelmäßigen Abständen aktualisiert und angepasst wird. Das Modell nutzt 1983 in Israel erhobene Daten und beschränkt sich auf Einkaufen als einzige Aktivität und die Nutzung von zwei Zeiträumen pro Tag. Weitere Versuche, die Modellierung einer Woche umzusetzen, wurden mit MATSim (Horni und Axhausen 2012; Ordonez M. et al. 2012) oder auf Basis der Mobidrive-Daten in der Dissertation von Märki (2014) durchgeführt. Doherty et al. (2002) präsentieren ein konzeptionelles Modell zur Aktivitätenplanung im Wochenverlauf und Dianat et al. (2017) ein Modell zur Planung von Arbeitsaktivitäten im Wochenverlauf. Beide Arbeiten basieren auf Daten des Erhebungsinstruments CHASE. Habib und Miller (2008) stellen im Umfeld des Modells TASHA und auch unter Nutzung der CHASE-Daten einen Ansatz zur Generierung von Aktivitätenprogrammen für eine Woche vor. Sie modellieren dabei jeden Tag separat und integrieren Wochenzeitbudgets sowie Parameter zur Beschreibung der Aktivitäten des Vortags. Das Modell SimMobility enthält ebenfalls ein Teilmodell, das mehrere Tage umfasst (Adnan et al. 2016). Zu all diesen Ansätzen sind jedoch keine weiteren Anwendungsfälle bekannt oder sie wurden nicht weiterverfolgt. Auch die neueste Version des Modells ALBATROSS (Rasouli et al. 2018) ist für die Modellierung längerer

Zeithorizonte ausgelegt. Dessen Entwicklung ist jedoch nach Angaben der Autoren noch nicht abgeschlossen.

2.4.3 Intrapersonelle Variationen im Verkehrsverhalten

Analysen von Variationen im Verkehrsverhalten können interpersonell und intrapersonell durchgeführt werden (siehe Abschnitt 2.1). Der folgende Abschnitt betrachtet die Analyse intrapersoneller Variationen und stellt die wichtigsten Arbeiten aus der Literatur vor. Interpersonelle Variationen sind ebenfalls ein wichtiger Baustein für die Beschreibung von Verhalten. Hierfür sind jedoch nicht zwingend Längsschnittdaten erforderlich, sodass diese Analyseform keine Besonderheit der in dieser Arbeit verwendeten Daten und des entwickelten Modells ist. Reine intrapersonelle Analysen sind jedoch streng genommen sehr selten, da der in der Literatur übliche Vergleich intrapersoneller Kenngrößen zwischen verschiedenen Personen automatisch wieder interpersonelle Aspekte in die Analyse einbringt.

Längsschnittdaten eröffnen neue Analysemöglichkeiten für Verkehrsverhalten gegenüber Querschnittsdaten. So können Planungsmaßnahmen besser analysiert und mögliche Auswirkungen besser bewertet werden. Maßnahmen, die Personen an fünf Tagen in der Woche betreffen, werden vermutlich eine andere Reaktion hervorrufen als solche, die nur einen kleineren Teil der durchgeführten Aktivitäten betreffen. Eine Verbesserung des ÖV-Takts sorgt bspw. dafür, dass 10 % mehr Wege mit dem ÖV durchgeführt werden. Basierend auf Querschnittsdaten lässt sich diese Erhöhung um 10 % erfassen. Sie kann allerdings dadurch ausgelöst werden, dass 10 % mehr Personen den ÖV nutzen oder aber dieselben Personen den ÖV für 10 % mehr Wege benutzen. Dieser Unterschied und die Aufteilung lassen sich nur erfassen, wenn Personen über einen längeren Zeitraum betrachtet werden.

In der Literatur werden intrapersonelle Analysen unterschiedlich betitelt. In ähnlicher Bedeutung werden die Terme „Gewohnheiten“ (engl. habits), „Routinen“ (engl. routines), „Muster“ (engl. patterns), „Periodizität“ (engl. periodicity), „Flexibilität“ (engl. flexibility), „Stabilität“ (engl. stability) sowie „Variabilität“ (engl. variability) verwendet. Grundsätzlich beschäftigen sich derartige Untersuchungen mit Verhaltenszusammenhängen von mindestens zwei Zeitpunkten. Zwischen den verschiedenen Zeitpunkten wird das Verkehrsverhalten verglichen und die Variation bestimmt. Vereinfachtes Beispiel: Eine Person, die montags und dienstags jeweils zwei Aktivitäten durchführt, hat eine geringere Variation als eine Person, die montags eine und dienstags vier Aktivitäten durchführt. Dabei beeinflusst auch die Anzahl der Zeitpunkte die Möglichkeiten der Untersuchung intrapersoneller Effekte. Je länger der Betrachtungszeitraum, desto eher können zufällige Aspekte von periodischen Aspekten getrennt werden (Kunert 1992). So können durch den Zeitraum von sieben Tagen die Rhythmen einer Woche ermittelt werden. Der wöchentliche Einkauf am gleichen Wochentag erscheint aber als zufällig. Dessen Periodizität wird erst durch Erhebungen von mehreren Wochen ermittelbar. Variation wird in den Analysen zudem auf verschiedene Untersuchungsaspekte bezogen. Einfachere Analysen betrachten zum Beispiel die Variation der Anzahl an Aktivitäten an Werktagen gegenüber Wochenendtagen oder bestimmen die Variation der Dauer für verschiedene Aktivitäten an verschiedenen Tagen. Komplexere Analysen untersuchen mehrdimensionale Aspekte je Zeitpunkt wie die Aktivitätenreihenfolge, beispielsweise durch Vergleiche von Zeichenketten. Die Auswahl der Messgröße zur Analyse der Variation ist bedeutsam. Sie entscheidet zusammen mit der gewählten Messmethode über den Grad der Variation. Je komplexer eine Messgröße gewählt wird, desto geringer sind wiederkehrende Aspekte im Verhalten messbar und desto größer ist folglich die Variation (Hanson und Huff 1988; Pas und Sundar 1995; Schlich et al. 2000; Schlich und Axhausen 2003; Schönfelder 2006).

2.4.3.1 Analysen im Längsschnitt eines Zeitraums

Erste Grundlagen zur Untersuchung intrapersoneller Variation wurden von Hanson und Huff (1982; 1986; 1988), Pas und Koppelman (1986), Pas (1987) und Jones und Clarke (1988) entwickelt.

Die Arbeiten von Hanson und Huff (1982; 1986; 1988) untersuchen Daten der Uppsala-Erhebung und beschäftigen sich mit dem Thema Stabilität und Variabilität des Verhaltens. Es gibt viele Gründe, warum Stabilität im Verkehrsverhalten erwartet werden kann, darunter der Wechsel zwischen Tag und Nacht,

Öffnungszeiten von Geschäften oder Fahrpläne öffentlicher Verkehrsmittel. Hanson und Huff entwickeln zur Quantifizierung der Variation Äquivalenzklassen zur Darstellung der durchgeführten Wege. Jeder Weg wird mit seinen Eigenschaften Zweck, Verkehrsmittel, Zeit, Distanz und Ort durch mehrere zweidimensionale Äquivalenzklassen beschrieben. Ein Fußweg zur Arbeit um 8.00 Uhr ließe sich unter anderem in die Äquivalenzklassen Arbeit x Fuß sowie Fuß x 8.00 Uhr einteilen. Die Autoren untersuchen, wie viele verschiedene Ausprägungen jeder Äquivalenzklasse bei der Betrachtung aller Wege im Erhebungszeitraum von 35 Tagen auftreten. Je weniger Ausprägungen einer Klasse existieren, desto regelmäßiger, stabiler ist das Verhalten. Basierend auf dieser Methodik ermitteln die Autoren eine hohe Stabilität. Viele Äquivalenzklassen haben sehr wenige Ausprägungen. Das Verhalten wird damit durch sehr wenige Kombinationen bestimmt. Um auch die Unterschiede zwischen verschiedenen Tagen zu charakterisieren, entwickeln die Autoren zudem einen Wiederholungsindex, der basierend auf den Äquivalenzklassen den Unterschied zur Gleichverteilung misst. Die so vergleichbaren Tagespläne einer Person ergeben ein differenzierteres Bild der Stabilität. So sind Wiederholungen des exakt gleichen Plans sehr selten. Vielmehr ergeben sich über den Zeitraum von 35 Tagen einige typische Muster, die mehrfach wiederholt werden. Die Analysen zeigen, dass Personen zwar viele gleiche Wege durchführen (was sich durch die geringe Anzahl an Ausprägungen der Äquivalenzklassen zeigt), diese jedoch in unterschiedlicher Kombination (was sich durch die geringe Wiederholung der Tagespläne zeigt).
Pas und Koppelman (1986) entwickeln Hypothesen zur Verhaltensvariation von Personen und testen diese mithilfe der Daten der Reading Erhebung und dem Vergleich der täglichen Wegehäufigkeiten.

- **Hypothese 1:** Personen mit täglich wiederkehrenden Bedürfnissen sind weniger variabel als andere Personen.

Diese Hypothese wird in der weiteren Analyse verfeinert, kann aber weitgehend bestätigt werden. So wird für Erwerbstätige eine geringere Variabilität ermittelt. Ebenso für verheiratete Personen sowie für Männer.

- **Hypothese 2:** Personen mit stärkeren Beschränkungen (vgl. Beschränkungen von Hägerstrand in Abschnitt 2.3.1) sind weniger variabel als andere Personen.

Auch diese Hypothese wird bestätigt und an zwei Beispielen detaillierter untersucht. So können die Autoren für Personen ohne Pkw und für Personen mit einem geringen Einkommen eine geringere Variabilität als in der jeweils anderen Gruppe mit Pkw bzw. mit höheren Einkommen ermitteln.

Pas (1987) beschreibt systematisch unterschiedliche Elemente der Verhaltensvariation. Die Gesamtvariation einer Messgröße unterteilt sich in seinem Modell in einen interpersonellen und einen intrapersonellen Teil. Der intrapersonelle Teil wiederum besteht aus einem systematischen Teil auf Grund der Unterschiede zwischen verschiedenen Wochentagen (engl. Systematic Day-of-Week Variability) und einem restlichen Teil (engl. Residual Intrapersonal Variability). Zur Quantifizierung der Anteile untersucht Pas Daten zur Anzahl an Wegen von Personen an unterschiedlichen Tagen. Die von ihm untersuchten Messgrößen lassen sich auch auf andere Bereiche übertragen, bspw. die Anzahl an Aktivitäten oder die dafür aufgewendete Zeit (siehe eigene Analysen in Abschnitt 3.4.1). Pas kann in seiner Arbeit anhand von Wochendaten der Reading-Erhebung zeigen, dass bzgl. der Anzahl an Wegen an Werktagen der intrapersonelle Anteil an der Variation circa 50 % ausmacht und dass der Anteil bei Wegen zur Erwerbstätigkeit geringer ausgeprägt ist als bei Wegen zu Freizeitgelegenheiten. Diese Werte werden auch von Kunert (1992) auf Basis einer Erhebung in den Niederlanden weitestgehend bestätigt, der 45 % intrapersonellen Varianzanteil bei Betrachtung der Werktage sowie 56 % bei Betrachtung aller Tage ermittelt.

Jones und Clarke (1988) betrachten erstmals auch zeitliche Komponenten der Aktivitätendurchführung, welche sie in den von ihnen entwickelten Stabilitätsindex einfließen lassen. Der Index prüft, ob an verschiedenen Tagen zur gleichen Zeit (Bildung von 15-Minuten-Intervallen) die gleiche Aktivität durchgeführt wurde. Stabilität definiert sich in diesem Fall über das wiederholte Durchführen einer Aktivität im gleichen Zeitraum. In Übereinstimmung mit

Pas und Koppelman (1986) ermitteln sie für nicht erwerbstätige Personen eine höhere Variation als für Erwerbstätige.
Methodisch hat sich auch die Sequenzanalyse zum Vergleich von Verkehrsverhalten etabliert. Erstmals von Wilson (1998) im Mobilitätsbereich angewandt, wird diese seither vielfach eingesetzt. Die Methodik der Sequenzanalyse wird vor allem in der Biologie zur Analyse und dem Vergleich von DNA-Sequenzen verwendet. Im Mobilitätsbereich dient sie dem Vergleich von Aktivitätenplänen oder Verkehrsmittelnutzungen. Diese werden als Sequenz (bspw. von hintereinander durchgeführten Aktivitätenzwecken) interpretiert und miteinander verglichen. Die Vergleichsmethoden lassen sich oftmals auf die Hamming-Distanz (Hamming 1950) oder die Damerau-Levenshtein-Distanz (Damerau 1964; Levenshtein 1966) zurückführen. Diese bestimmen den Aufwand, eine Sequenz in die andere zu transformieren, als Maß für die Unterschiedlichkeit. Joh et al. (2001) präsentieren Heuristiken zur Erweiterung der Sequenzanalyse für den multidimensionalen Fall. Für eine Übersicht zu weiteren Distanzmaßen können die Veröffentlichung von Hosangadi (2012) und die Dissertation von Mallig (2019) mit einem Schwerpunkt auf der Beschreibung von Stabilitätsindizes der Verkehrsmittelwahl empfohlen werden.
Weitere Analysen überprüfen die genannten Methoden mit neueren Daten. Pas und Sundar (1995) analysieren die Daten der Puget-Sound-Erhebung, erweitern die Analysen von Wegen pro Tag auch auf andere Größen und können die grundlegenden Ergebnisse von Pas (1987) bestätigen. Die Autoren analysieren zudem die Variabilität innerhalb von 2-Personen-Haushalten und können ein ähnliches Verhalten der Haushaltsmitglieder ermitteln. Jou und Mahmassani (1997) analysieren das Pendlerverhalten im Zeitraum von zwei Wochen in zwei Städten in Texas, USA und beschreiben ein bei vielen Personen regelmäßiges Verhalten auf dem Pendelweg. Insgesamt folgen circa 80 % der Personen auf dem Weg zur Arbeit einem regelmäßigen Muster. Auf dem Weg von der Arbeit nach Hause ist diese Regelmäßigkeit mit 60 % weniger stark ausgeprägt. Ähnliche Analysen werden auch von Hilgert et al. (2016b) durchgeführt. Sie analysieren die Daten des Deutschen Mobilitätspanels bzgl. des Pendelverhaltens. 42 % der Pendler führen ihren Pendelweg im Wochenverlauf unverändert und ohne Integration von weiteren Aktivitäten aus. Im

Umkehrschluss integrieren 58 % mindestens einmal pro Woche eine weitere Aktivität in ihren Pendelweg. Nur 27 % der Pendler nutzen zum Pendeln mehr als ein Verkehrsmittel. Ein regelmäßigeres Verhalten von Erwerbstätigen gegenüber anderen Personen wird auch von Lipps (2001) ermittelt. Er definiert ein Grundaktivitätenmuster und reduziert so die Komplexität von Tagesaktivitätenplänen. Ein Vergleich des Grundaktivitätenmusters mit den einzelnen Tagesmustern dient zur Bestimmung von Stabilität. Je öfter das Verhalten dem Grundaktivitätenmuster ähnelt, desto stabiler ist es. Raux et al. (2016) nutzen Daten einer belgischen Erhebung von 2008 und Sequenzanalysemethoden zur Bestimmung von Variation. Auch sie können einen hohen intrapersonellen Anteil an der Gesamtvariation bestätigen. Im Unterschied zu anderen Arbeiten ermitteln sie jedoch nur geringe Einflüsse der Soziodemografie auf das Maß der intrapersonellen Variation.

Viele weitere Arbeiten zum Themenkomplex Variation wurden mithilfe der Daten der Mobidrive-Erhebung durchgeführt. Im Folgenden sind nur einige ausgewählte Arbeiten aufgeführt. Schlich et al. (2000) stellen erste Ergebnisse der durchgeführten Mobidrive-Erhebung dar. Es existieren Unterschiede in der Wegehäufigkeit und auch bzgl. zurückgelegter Distanzen zwischen Werktagen und Wochenenden. Durch die Anwendung verschiedener Ähnlichkeitsmaße aus der Literatur (u. a. nach Hanson und Huff (1982; 1986; 1988), Pas (1987) sowie Jones und Clarke (1988)) können bisherige Erkenntnisse bestätigt werden. Eine exakte Wiederholung von einzelnen Tagen ist sehr selten. Je mehr Attribute in die Messmethoden aufgenommen werden, desto komplexer sind die betrachteten Muster und desto geringer ist die gemessene Stabilität. Messungen der Variation von Aktivitäten zeigen mehr Variabilität als Messungen der Variation der aufgewendeten Zeitbudgets (Schlich und Axhausen 2003). Tage unter der Woche sind stabiler als Tage am Wochenende. Eine sehr geringe Variabilität kann in der räumlichen Dimension ermittelt werden. 90 % aller Aktivitäten im Erhebungszeitraum von sechs Wochen finden an maximal acht verschiedenen Orten statt. Die Autoren empfehlen zur Analyse von intrapersoneller Variation zudem eine Erhebungszeit von mindestens zwei Wochen. Schlich (2004) integriert in seiner Dissertation zusätzlich die Methodik der Sequenzanalyse. Diese wird zur Erfassung von

Variation von ihm am besten bewertet, da sie auch die Reihenfolge der Aktivitäten mitberücksichtigen kann. Jedoch ergibt sich dadurch eine erhöhte Komplexität. Schlich zeigt, dass mit zehn Tagestypen 75 % der Verhaltensvariation beschrieben werden kann, was wiederum die Relevanz längerer Erhebungszeiträume verdeutlicht. Schönfelder (2006) integriert noch weitere Datenquellen, u. a. die Erhebungen in Thurgau und Uppsala, und untersucht die Stabilität der Zielwahl bzw. der aufgesuchten Aktivitätenräume sowie die Periodizität der Aktivitätennachfrage. Rhythmen in der Nachfrage nach Aktivitäten sind klar abhängig vom Zweck der Aktivität. Sowohl Erwerbstätigkeit als auch Pkw-Besitz beeinflussen die Periodizität von Aktivitäten, weiterhin die Haushaltsgröße und die Haushaltsstruktur. Regionale Unterschiede der betrachteten Daten lassen keine Unterschiede in der zeitlichen Nachfragestruktur nach Aktivitäten erkennen. Bayarma et al. (2007) ermitteln im Unterschied zu vorherigen Analysen keine signifikante Rolle soziodemografischer Aspekte wie Geschlecht, Familienstand oder Anzahl an Pkw für die Beständigkeit oder Veränderung von Aktivitätenplänen zwischen Tagen.

2.4.3.2 Analysen im Längsschnitt mehrerer Zeiträume

Weitere Forschungen zu intrapersonellen Analysen nutzen zusätzlich die Eigenschaft von Paneldaten. Durch die wiederholte Befragung derselben Probanden können zeitliche Entwicklungen der Variabilität von Personen durchgeführt werden. Kitamura und van der Hoorn (1987) untersuchen die Daten von zwei Wellen im Abstand von sechs Monaten des „Dutch Mobility Panels“. Sie ermitteln in Übereinstimmung mit anderen Arbeiten Unterschiede zwischen den Wochentagen bzgl. der Durchführung von Aktivitäten unterschiedlicher Zwecke. Beim Vergleich der Daten derselben Personen zwischen beiden Erhebungswellen können sie ein wiederholendes Verhalten bei vielen Erhebungsteilnehmern ausmachen. Streit et al. (2015) nutzen die Daten des Deutschen Mobilitätspanels für einem Vergleich von Variationskennzahlen mit Daten der Jahre 1998 bis 2000 und 2010 bis 2012. Sie entwickeln verschiedene Distanzmaße: Ein Index zur Multimodalität, ein angepasstes Levensthein-Distanzmaß zur Betrachtung der Unterschiede in Aktivitätenketten sowie ein Maß zur Messung der Variation von Mobilitätskennzahlen im Verlauf der

Woche. Im Zeitverlauf analysieren sie eine steigende Variabilität von älteren Personen in den Daten von 2010 bis 2012 gegenüber 1998 bis 2000. Umgekehrt sinkt die Variabilität bei jüngeren Personen, was mit einem allgemeinen Rückgang der Wegehäufigkeiten korreliert. In Übereinstimmung mit anderen Studien wird bei Besitz eines Pkw eine höhere Variabilität festgestellt. Hilgert et al. (2018b) nutzen die Daten des Deutschen Mobilitätspanels für einen Vergleich von Aktivitätenplänen zwischen zwei Erhebungsjahren. Hierzu entwickeln sie zwei Distanzmaße zum Vergleich von Wochenaktivitäteninformationen, welche auf Hauptaktivitäten des Tages reduziert werden. Analog zu anderen Studien zeigt sich der hohe Einfluss der Erwerbstätigkeit auf die Variation der Aktivitätenpläne. Insgesamt ändern circa ein Drittel aller untersuchten Personen zwischen den Jahren ihr Aktivitätenmuster nicht bzw. nur sehr gering. Hierunter bilden Erwerbstätige die größte Teilgruppe. Gleichzeitig kann gezeigt werden, dass ein Wechsel im Erwerbsstatus wie der Beginn der Rente zu einer größeren Variation zwischen den Jahren führt.

2.4.3.3 Zusammenfassung und Schlussfolgerungen

Zusammenfassend ergibt sich ein vielfältiges Bild bzgl. intrapersoneller Variation im Verkehrsverhalten. Sowohl hinsichtlich der verwendeten Methoden wie auch der Analyseaspekte existiert eine große Vielfalt. Variation kann nicht auf einzelne Kennzahlen reduziert werden und muss immer im Kontext zum analysierten Aspekt und der verwendeten Methode betrachtet werden. Dennoch ergeben sich aus der dargestellten Literatur einige Schlussfolgerungen. Verkehrsverhalten ist weder komplett zufällig, noch komplett wiederholend. Beim intrapersonellen Vergleich verschiedener Tage existieren fast immer gemeinsame Elemente. Exakt der gleiche Ablauf wird jedoch nur selten wiederholt. Je komplexer die Messmethode, desto differenzierter die Betrachtung und desto unwahrscheinlicher das Auffinden exakt gleicher Tage. Die deutliche Mehrheit der Literaturquellen stellt zudem die Relevanz des Wochentags, des Zwecks der Aktivität und des Erwerbsstatus für die Betrachtung von Variation heraus. Der Erwerbsstatus determiniert einen Großteil der durchgeführten Aktivitäten und damit auch der insgesamt verfügbaren Zeit.

2.4.4 Gemeinsame Wege und Aktivitäten

Die Inhalte des folgenden Abschnitts wurden zum Teil bereits in einem Konferenzbeitrag des Transportation Research Board (Hilgert et al. 2018a) veröffentlicht.

Gemeinsame Wege und Aktivitäten mehrerer Haushaltsmitglieder machen einen bedeutenden Teil der durchgeführten Aktivitäten aus (siehe Abschnitt 3.5 für empirische Analysen der MOP-Daten). In der Literatur (Bradley und Bowman 2006; Davidson et al. 2007) wird deren Modellierung als ein wichtiges Element mikroskopischer Verkehrsnachfragemodelle beschrieben. Deren Berücksichtigung ermöglicht eine realistischere Abbildung des Verkehrsverhaltens innerhalb des Haushalts, da damit Effekte der räumlichen und zeitlichen Limitierung von Aktivitäten in die Modellierung einfließen.

Literatur zu dem Thema teilt sich in zwei Bereiche. Einige Arbeiten betrachten die Zuordnung von Aktivitäten wie Einkaufen auf verschiedene Haushaltsmitglieder. Diese oder Service-Aktivitäten (Holen und Bringen von Kindern) werden im Normalfall innerhalb eines Haushalts (wenn in der Realität vielleicht auch nur implizit) koordiniert und müssen nicht von allen Mitgliedern in gleichem Umfang durchgeführt werden. Andere Forschungsarbeiten fokussieren auf die Untersuchung gemeinsamer Wege und Aktivitäten von mindestens zwei Mitgliedern des Haushalts. Nachfolgend und im Modell *actiTopp* wird ausschließlich dieser zweite Bereich verfolgt. Der erste Bereich erfordert Informationen über die Verteilung von Aktivitäten im Haushalt, die für das MOP nur bedingt vorliegen. In der Literatur stellt van Wissen (1991) als einer der ersten die Bedeutung gemeinsamer Aktivitäten im Haushalt heraus, insbesondere für Aktivitäten zu Hause, zu Freizeit- sowie Einkaufszwecken. Dies werden auch von anderen Quellen bestätigt (Chandrasekharan und Goulias 1999; Srinivasan und Bhat 2008).Chandrasekharan und Goulias (1999) stellen zudem den Einfluss des Erwerbsstatus als Einflussgröße dar, was auch von Vovsha et al. (2003, 2004) bestätigt wird. Sie betrachten die Thematik basierend auf Studiendaten aus Ohio, USA, und analysieren Vollzeit-Erwerbstätige und Studierende als Personen mit den geringsten Anteilen an gemeinsamen

Aktivitäten. Srinivasan und Bhat (2008) untersuchen Daten der amerikanischen Zeitverwendungserhebung und ermitteln den Wochentag als weitere wichtige Einflussgröße für gemeinsame Wege und Aktivitäten. Kang und Scott (2010) analysieren gemeinsame Aktivitäten unter Benutzung von Längsschnittdaten der CHASE-Erhebung aus Toronto. Auch sie ermitteln Unterschiede zwischen Tagen unter der Woche und dem Wochenende. Weiterhin wenden sie die von Pas (1987) definierten Variationsmaße auf die für Aktivitäten verwendete Zeit an. Sie unterscheiden nach Zweck und der Eigenschaft, ob die Aktivität gemeinsam durchgeführt wurde oder nicht. Insgesamt zeigt sich für gemeinsame Aktivitäten aller untersuchten Zwecke ein höherer intrapersoneller Variationsanteil als bei allein durchgeführten Aktivitäten. Die Autoren begründen dies mit der weniger regelmäßigen Durchführung gemeinsamer Aktivitäten und einer damit größeren intrapersonellen Variation. Přibyl und Goulias (2005) sowie Lee et al. (2017) untersuchen die Thematik mittels Clusteranalysen und verdeutlichen ebenfalls den Einfluss des Wochentags und des Erwerbsstatus für die Analyse gemeinsamer Wege und Aktivitäten. Weitere Forschungen sind 2005 in einer Spezialausgabe des Journals „Transportation" veröffentlicht (Bhat und Pendyala 2005).

Neben den dargestellten empirischen Analysen erfolgen Forschungsaktivitäten zur Integration gemeinsamer Aktivitäten in Verkehrsnachfragemodellen. Vovsha et al. (2003, 2004) integrieren gemeinsame Wege und Aktivitäten mit Regressionsmodellen in ihr bestehendes, tourenbasiertes Verkehrsplanungsmodell für Ohio, USA. Sie unterscheiden dabei drei Arten von Gemeinsamkeiten: gemeinsame Wege zu gemeinsamen Nicht-Pflicht-Aktivitäten, gemeinsame Wege ohne gemeinsame Aktivitäten zu Pflichtaktivitäten (Arbeiten und Bildung) und gemeinsame Service-Wege (Holen und Bringen). Sie modellieren diese auf der Ebene der Tour und erzeugen zunächst für den Haushalt eine Anzahl gemeinsamer Touren. Sie bestimmen anschließend, welche Personentypen (Erwachsene, Kinder, Beide) gemeinsam unterwegs sind und entscheiden im dritten Schritt über die Teilnahme jeder Person des Haushalts an jeder gemeinsamen Tour. Bradley und Vovsha (2005) modellieren den Tagestyp für alle Haushaltsmitglieder parallel. Tagestypen sind grundsätzliche Tagesinformationen wie zu Hause bleiben, in die Schule/zur Arbeit gehen oder aus einem anderen Grund unterwegs sein. Die Wahrscheinlichkeit zur Durchführung von Arbeitsaktivitäten erhöht sich, wenn Kinder im Haushalt an dem Tag zur Schule gehen. Die Autoren verwenden drei unterschiedliche Tagestypen, was bei einer Haushaltsgröße von fünf Personen bereits 3^5=243 mögliche Kombinationen zur Zusammensetzung der Tagestypen der Haushaltsmitglieder ergibt. Bradley und Vovsha weisen auf die Problematik des Modells bzgl. der Anzahl an Tagestypen und die damit exponentiell steigende Anzahl an Alternativen hin. Die durchgeführten Arbeiten wurden in der Folge Teil des Modells CT-RAMP (Davidson et al. 2010). Přibyl und Goulias (2005) modellieren die Aktivitätenpläne verschiedener Haushaltsmitglieder sequentiell. Damit können zuvor modellierte Haushaltsmitglieder durch gemeinsame Aktivitäten bereits Teile der Aktivitätenpläne anderer Haushaltsmitglieder vorbestimmen. Bradley und Bowman (2006) präsentieren eine Sammlung verschiedener mikroskopischer Verkehrsnachfragemodelle mit Berücksichtigung gemeinsamer Aktivitäten. Für die dort präsentierten Tagesmodelle wird zwischen der Verlinkung von Tagestypen der Haushaltsmitglieder (siehe Bradley und Vovsha (2005)) und der explizierten Verlinkung einzelner Aktivitäten unterschieden. Die explizite Verlinkung verknüpft in der Simulation die tatsächliche Durchführung von Aktivitäten. Hierbei werden Entscheidungen zu Aktivitäten wie deren Dauer explizit gemeinsam für alle beteiligten Mitglieder getroffen. Gemeinsame Wege (bspw. Holen-/Bringen-Wege zur Schule) werden als eigene Kategorie in der Modellierung aufgefasst. Diese sind jedoch nur bei wenigen der dort vorgestellten Modelle umgesetzt. Mit dem aktuellen Stand der Forschung haben die meisten in der Praxis eingesetzten mikroskopischen Verkehrsnachfragemodelle Möglichkeiten zur Abbildung gemeinsamer Aktivitäten integriert. Diese behandeln jedoch wie dargestellt meist einzelne, unterschiedliche Aspekte. Insbesondere für Zeiträume über einen Tag hinaus gibt es Lücken in der Forschungslandschaft. Methoden zur parallelen Modellierung von Aktivitätenplänen unterschiedlicher Haushaltsmitglieder, wie sie in Tagesmodellen eingesetzt werden, sind für den Zeitraum einer Woche aufgrund steigender Freiheitsgrade und der Komplexität der Pläne ungleich schwieriger und nicht erforscht.

3 Empirische Analysen

Das folgende Kapitel behandelt empirische Analysen verschiedener Aspekte rund um das Thema Aktivitätenpläne. Diese dienen sowohl der Überprüfung der in Kapitel 2 ermittelten Ergebnisse der Literatur wie auch der weiteren Erkenntnisgewinnung für das in Kapitel 4 beschriebene Modell *actiTopp*. Abschnitt 3.1 stellt zunächst die für die Analysen und anschließende Modellierung notwendige Datenstruktur und -aufbereitung dar. Abschnitt 3.2 fokussiert auf die Analysen der Aktivitäten selbst und stellt unter anderem Verteilungen der verschiedenen Zwecke oder Startzeiten dar. Abschnitt 3.3 sowie 3.4 greifen erneut das Thema Variation auf. Zunächst erfolgt die Betrachtung von interpersonellen Variationsgrößen. Anschließend wird Variation in verschiedenen Facetten im intrapersonellen Kontext analysiert. Abschnitt 3.5 betrachtet das weitere Schwerpunktthema gemeinsamer Wege und Aktivitäten. Abschließend fasst Abschnitt 3.6 die gewonnen Erkenntnisse zusammen und zieht Schlussfolgerungen für die Modellierung in Kapitel 4.

Sofern nachfolgend nicht explizit anders angegeben, werden Außer-Haus-Aktivitäten zur Vereinfachung nur als Aktivitäten bezeichnet. Zur besseren Verlaufsdarstellung werden in Abbildungen zum Teil Liniendiagramme verwendet, obgleich es sich um diskrete Werte handelt. Die analysierten, diskreten Werte sind zusätzlich durch Punkte gekennzeichnet.

3.1 Datenstruktur und -aufbereitung

Wochenaktivitätenpläne umfassen viele Informationen auf verschiedenen Ebenen. Zentrales Element sind die durchgeführten Aktivitäten in einer Woche. Jedoch können zur empirischen Beschreibung und der Modellierung von Aktivitätenplänen auch weitere Informationen genutzt werden, die sich indirekt aus empirisch erfassten Daten ableiten lassen. Dies können

Informationen sein, die für den gesamten Zeitraum einer Woche gültig sind oder die eine Reihe von Aktivitäten gemeinsam beschreiben, bspw. in Form einer Tour.

Für die dargestellten Analysen und die anschließende Modellierung werden die Daten der Alltagsmobilitätserhebung des MOP (siehe Abschnitt 2.2.1) verwendet. Es gelten folgende Annahmen bzw. Anmerkungen zu den Daten:

- Es werden die Daten der MOP-Jahrgänge von 2004 bis 2015 verwendet. Haushalte mit Personen, die keine Angaben zu Alter oder Erwerbsstatus gemacht haben, werden ausgeschlossen. Neuere Daten werden nicht verwendet, da im Jahr 2016 ein neuer Zweck für Wege/Aktivitäten hinzugefügt wurde, der die Vergleichbarkeit der Zweckverteilungen erschwert. Die Daten umfassen insgesamt 11 721 Personen aus 6 897 unterschiedlichen Haushalten. Diese Personen haben insgesamt 22 797 Wochenaktivitätenpläne mit 322 931 Außer-Haus-Aktivitäten berichtet. Aufgrund der Paneleigenschaft der Erhebung können Personen durch die Teilnahme in verschiedenen Jahren mehrfach enthalten sein.

- Die Daten wurden in der Erhebungsbetreuung des Projekts aufbereitet und plausibilisiert (siehe Eisenmann et al. 2018). Es werden für alle Arbeiten ausschließlich die für die Öffentlichkeit zugänglichen Nutzerdaten verwendet.

- Daten von Personen, die mehrere Jahre an der Erhebung teilgenommen haben (Zweit- und Drittberichter), werden als unabhängig betrachtet. Veränderungen und Entwicklungen derselben Personen über mehrere Teilnahmen hinweg werden nicht berücksichtigt. Variationsaspekte werden ausschließlich in einer Erhebungswelle, also für den Zeitraum einer Woche, betrachtet. Dies vergrößert die Stichprobe an verfügbaren Aktivitätenplänen, die zur Analyse und Modellentwicklung verwendet werden kann. Durch die Annahme der Unabhängigkeit besteht allerdings die Möglichkeit, dass Personengruppen öfter in der Datenbasis enthalten sind als andere.

Entsprechende Tendenzen wurden für das MOP für ältere Personen nachgewiesen. So steigt die Wiederholrate der Erhebungsteilnahme mit dem Alter an (Eisenmann et al. 2018). Für die Arbeit wird dieser Aspekt als nachrangig gegenüber dem Vorteil der vergrößerten Stichprobe angesehen. Da personenspezifische Eigenschaften wie Alter oder Erwerbsstatus in nahezu alle Teile der Modellierung (siehe Kapitel 4) einfließen, sind diese sensitiv bzgl. dieser Variablen und die unterschiedliche personelle Zusammensetzung der Stichprobe wirkt sich nicht auf die Modellqualität aus. Mit der Annahme der Unabhängigkeit der Personen erhöht sich die Anzahl der Personen daher auf die Anzahl der Wochenaktivitätenpläne (22 797).

Da Personen im MOP Wege berichten, müssen die Daten zunächst aufbereitet werden, um die Aktivitäten von Personen wiederzugeben. Ein Beispiel hierzu: ein berichteter Einkaufsweg von 07.00 Uhr bis 07.15 Uhr und ein anschließender Heimweg von 07.45 Uhr bis 08.00 Uhr resultiert in einer Einkaufsaktivität, startend mit der Ankunft am Ziel des Weges um 07.15 Uhr für eine Dauer von 30 Minuten. Die anschließende Heimaktivität startet wiederum entsprechend um 08.00 Uhr.
Für die Transformation und die Erstellung der Aktivitätenpläne werden folgende Annahmen und Definitionen getroffen:

- Personen starten ihren Berichtszeitraum immer zu Hause, das heißt, die erste Aktivität ist immer eine Heimaktivität.
- Heimaktivitäten werden bzgl. des Zwecks nicht näher spezifiziert, da diese Informationen im MOP nicht detaillierter erfasst werden.
- Wegezwecke werden aggregiert, sodass lediglich die Zwecke zu Hause, Arbeiten, Bildung, Freizeit, Einkaufen sowie Service (Jemanden Holen/Bringen) verwendet werden.
- Der Begriff einer Tour bezeichnet jeweils eine Aktivitätenkette, die mit dem Verlassen des Wohnorts startet und mit der nächsten Rückkehr zum Wohnort endet (siehe Abschnitt 2.1).

Abbildung 3.1 stellt die Visualisierung eines beispielhaften Wochenaktivitätenplans dar. Die durchgeführten Wege sind dabei je Verkehrsmittel spezifisch eingefärbt und nach oben versetzt dargestellt. Aktivitäten sind je Zweck eingefärbt und nach unten versetzt. So ist es möglich, verschiedene Tage und den zeitlichen Ablauf der Aktivitäten zu visualisieren. Einzelne Touren können direkt identifiziert werden (jeweils durch eine schwarze Markierung gekennzeichnet) und auch Elemente der Verhaltensstabilität sind bereits qualitativ ersichtlich. So kann im Beispiel von Abbildung 3.1 eine hohe Stabilität hinsichtlich des morgendlichen Arbeitszeitbeginns ausgemacht werden. Weitere Auswertungen zu diesem Aspekt folgen im Kapitelverlauf. Die Darstellungsweise aller relevanten Informationen in einer Grafik ermöglicht ein grundlegendes Verständnis des Verkehrsverhaltens im Verlauf der Woche. Die Visualisierung wurde mithilfe eines Tools erstellt, dass vom Autor im Rahmen der Projektarbeit des Deutschen Mobilitätspanels 2015 entwickelt wurde und seitdem zur Plausibilisierung aller Erhebungsdaten des MOP eingesetzt wird. Informationen können in fünf verschiedene Ebenen unterteilt werden (siehe Abbildung 3.2, die den in Abbildung 3.1 visualisierten Wochenaktivitätenplan in alternativer Form darstellt). Startend mit der Haushaltsebene und endend mit der Aktivitätenebene baut die nachfolgende Ebene jeweils auf der vorherigen auf und verfeinert die Informationen. Daten können dabei originär einer Ebene zugeordnet werden, bspw. soziodemografische Informationen, oder auf Basis von Daten der anderen Ebenen dargestellt werden, bspw. Informationen über die Anzahl der Aktivitäten je Person.

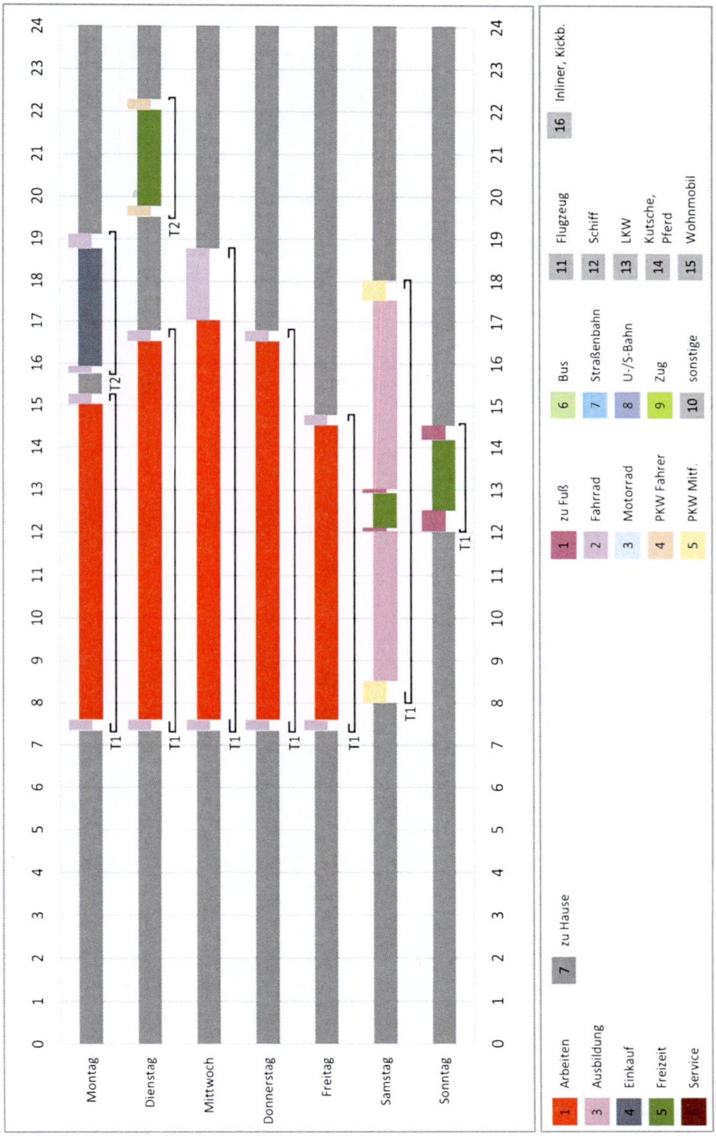

Abbildung 3.1: Beispielhafte Visualisierung eines Wochenaktivitätenplans

Haushaltsebene	Personenebene	Tagesebene	Tourebene	Aktivitätenebene
Haushalt 1 4 Personen 2 Kinder unter 18 Jahre 1 Pkw im Haushalt …	Person 1 34 Jahre voll berufstätig männlich … 9 Touren 11 Aktivitäten …	1 Montag 2 Touren, 2 Aktivitäten, …		zu Hause, …
			1 1 Aktivität, …	1 Arbeiten, …
				zu Hause, …
			2 1 Aktivität, …	2 Einkaufen, …
		2 Dienstag 2 Touren, 2 Aktivitäten, …		zu Hause, …
			3 1 Aktivität, …	3 Arbeiten, …
				zu Hause, …
			4 1 Aktivität, …	4 Freizeit, …
		3 Mittwoch 1 Tour, 1 Aktivität, …		zu Hause, …
			5 1 Aktivität, …	5 Arbeiten, …
		4 Donnerstag 1 Tour, 1 Aktivität, …		zu Hause, …
			6 1 Aktivität, …	6 Arbeiten, …
		5 Freitag 1 Tour, 1 Aktivität, …		zu Hause, …
			7 1 Aktivität, …	7 Arbeiten, …
		6 Samstag 1 Tour, 3 Aktivitäten, …		zu Hause, …
			8 3 Aktivitäten, …	8 Ausbildung, …
				9 Freizeit, …
				10 Ausbildung, …
		7 Sonntag 1 Tour, 1 Aktivität, …		zu Hause, …
			9 1 Aktivität, …	11 Freizeit, …
				zu Hause, …
	Person 2-4	…	…	…
…	…	…	…	…

Abbildung 3.2: Datenstruktur in fünf Ebenen am Beispiel eines Haushalts

Zur Ermittlung von zusammenfassenden Informationen über eine Tour oder einen Tag werden folgende Definitionen getroffen:

- Der Hauptzweck einer Tour ist bestimmt durch die Aktivität mit dem größten Zeitanteil an der Tour.
- Für die Haupttour (und damit den Hauptzweck) eines Tages gilt:
    - Ist eine Person erwerbstätig und existiert an dem Tag eine Tour mit dem Zweck Arbeiten, so wird diese zur Haupttour. Bei mehreren möglichen Touren ist dies die längste der Touren mit dem Zweck Arbeiten.
    - Ist eine Person in Ausbildung (Schüler(in)/Studierende(r)/Auszubildende(r)) und existiert an dem Tag eine Tour mit dem Zweck Bildung, so wird diese zur Haupttour. Bei mehreren möglichen Touren ist dies die längste der Touren mit dem Zweck Bildung.
    - In allen anderen Fällen ist die längste aller Touren des Tages die Haupttour.

3.2 Auswertungen zu Aktivitätenplänen

Der folgende Abschnitt betrachtet Auswertungen, die nicht für einzelne Personen darstellbar sind. Die Auswertungen werden getrennt nach den verschiedenen Ebenen der Datenstruktur (siehe Abbildung 3.2) durchgeführt und stellen unter anderem die Verteilung der Zwecke von Aktivitäten sowie die Startzeiten von Touren dar.

3.2.1 Auswertungen auf Aktivitätenebene

Außer-Haus Aktivitäten teilen sich auf verschiedene Zwecke auf. Im Verlauf einer gesamten Woche (Betrachtung aller Personen) entfallen mit 36 % die meisten Aktivitäten auf den Zweck Freizeit. 29 % sind Einkaufsaktivitäten, gefolgt von 21 % aller Aktivitäten zum Zweck der Erwerbstätigkeit. 9 % aller Aktivitäten sind Serviceaktivitäten (Jemanden Holen oder Bringen) und 4 %

dienen der Bildung. Aktivitäten werden dabei an verschiedenen Wochentagen unterschiedlich häufig durchgeführt. Abbildung 3.3 stellt die Verteilung der Zwecke auf verschiedene Wochentage dar.

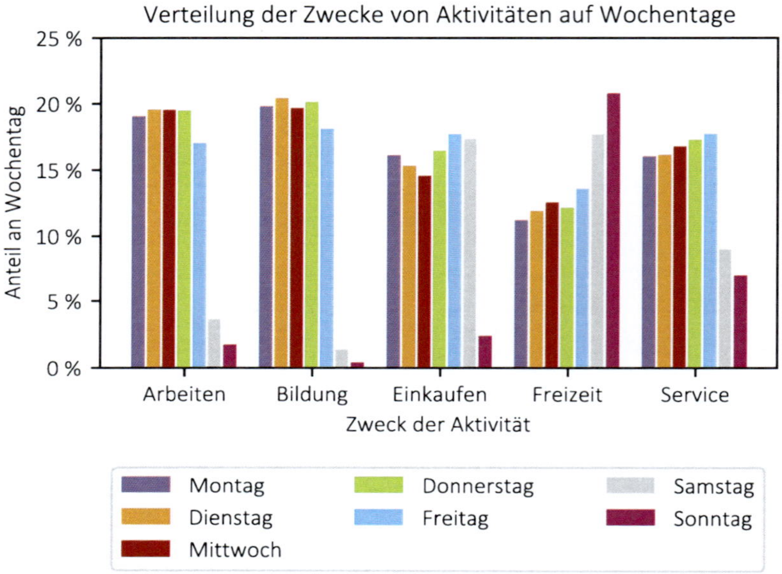

Abbildung 3.3: Verteilung der Zwecke von Aktivitäten auf Wochentage

Kein Zweck wird gleichmäßig an allen Tagen durchgeführt. Insgesamt ähneln sich die Tage Montag bis Donnerstag stark. Arbeits- und Bildungsaktivitäten nehmen zum Wochenende hin ab und haben sonntags erwartungsgemäß ihr Minimum. Einkaufsaktivitäten haben ebenfalls am Sonntag ihr Minimum, finden jedoch häufig auch an Samstagen statt. Freizeitaktivitäten steigen im Wochenverlauf an und haben sonntags ihr Maximum. Serviceaktivitäten sind unter der Woche stärker ausgeprägt als am Wochenende.

Die für Aktivitäten aufgewendete Dauer unterscheidet sich je Zweck. Im Mittel dauert eine Aktivität 2 h 21 min. Einkaufs- (45 min) und Serviceaktivitäten

(29 min) sind jedoch im Mittel bedeutend kürzer. Circa 80 % aller Aktivitäten dieser Zwecke dauern maximal eine Stunde. Abbildung 3.4 stellt die Verteilung der Dauern für Aktivitäten je Zweck dar.

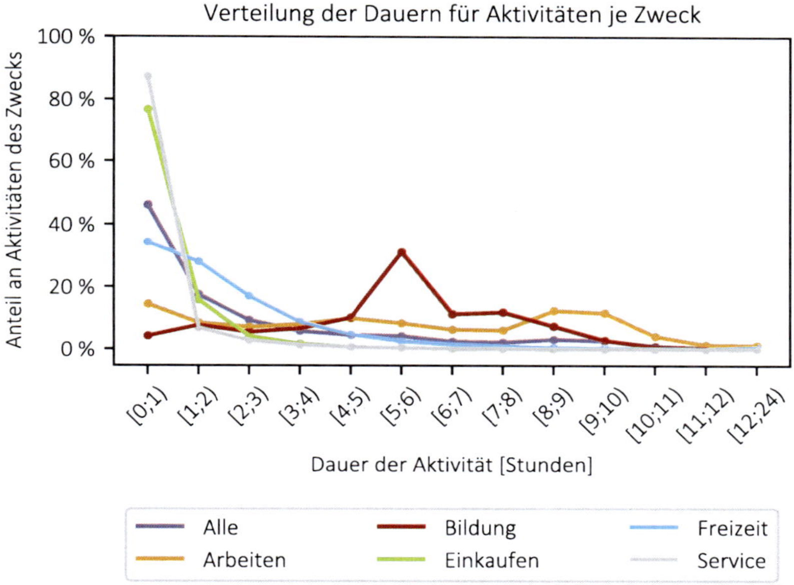

Abbildung 3.4: Verteilung der Dauern für Aktivitäten je Zweck

Bildungsaktivitäten (5 h 19 min) und Arbeitsaktivitäten (5 h 20 min) sind im Mittel am längsten. Bildungsaktivitäten haben dabei die geringere Standardabweichung, was sich auch durch die spitzere Verteilung in Abbildung 3.4 zeigt. Aus der Abbildung wird ersichtlich, dass sich Arbeits- und Bildungsaktivitäten von den anderen Zwecken in ihrer Verteilungsform unterscheiden. Bei ihnen gilt keine abnehmende Häufigkeit mit zunehmender Dauer. Diese Besonderheit lässt sich unter anderem auf die Eigenschaft dieser Aktivitäten als „Pflichtaktivitäten“ zurückführen. Personen haben bei diesen Aktivitäten oftmals weniger freie Entscheidungsmöglichkeiten hinsichtlich Häufigkeit sowie

Dauer und Zeitpunkt der Durchführung wie bei Aktivitäten anderer Zwecke. Die besonderen Eigenschaften der Pflichtaktivitäten werden im Verlauf der Arbeit eine wichtige Rolle spielen.

3.2.2 Auswertung auf Tourenebene

Abbildung 3.5 stellt die Verteilung der Startzeiten von Touren aller Wochentage dar. Für die Analysen wird jeweils die Stunde der Startzeit betrachtet. 7.45 Uhr wird zum Beispiel auf 7 abgerundet. Es bestehen große Unterschiede zwischen unterschiedlichen Touren. Touren zum Zweck der Arbeit und der Bildung haben eine starke Fokussierung auf Startzeiten am Morgen. Touren zum Einkaufen haben eine etwas spätere Spitze der Verteilung um 10.00 Uhr. Freizeittouren starten oftmals erst am Nachmittag/Abend.

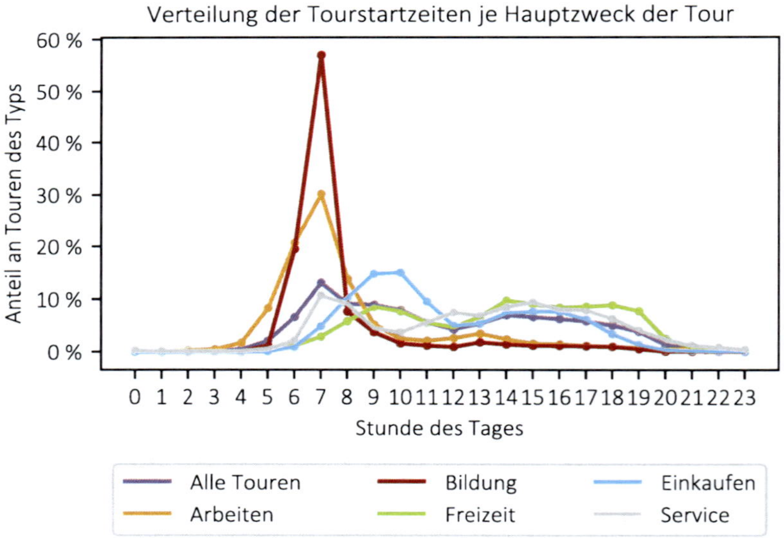

Abbildung 3.5: Verteilung der Tourstartzeiten je Hauptzweck der Tour

3.2.3 Auswertungen auf Tagesebene

Tabelle 3.1 zeigt die fünf häufigsten Tagesaktivitätenpläne jeweils für die Tage Montag bis Freitag und Samstag bis Sonntag. Unter der Woche wird am häufigsten nur eine Arbeitsaktivität durchgeführt, am Wochenende nur eine Freizeitaktivität. Die Mehrzahl der dargestellten Pläne enthält lediglich eine Aktivität. Das ergibt sich auch durch die Kombinatorik bei mehr als einer Aktivität. In der Tabelle sind die Tagesaktivitätenpläne inkl. der Reihenfolge der Aktivitäten relevant, das heißt die Pläne „H_Freizeit_Einkaufen_H" und „H_Einkaufen_Freizeit_H" werden nicht zusammengezählt. Die fünf häufigsten Tagesaktivitätenpläne umfassen insgesamt nur 35 % (Montag bis Freitag) bzw. 59 % (Samstag bis Sonntag) aller Pläne. Hieraus wird eine große Vielfalt der Pläne auf Tagesebene deutlich. Bei Betrachtung dieser Pläne auf Wochenebene ergibt sich eine noch vielfach höhere Kombinatorik und die Betrachtung häufigster Wochenaktivitätenpläne ist daher in dieser Analyseform nicht sinnvoll.

Tabelle 3.1: Häufigste Tagesaktivitätenpläne

Tagesaktivitätenpläne Montag bis Freitag	Häufigkeit	Tagesaktivitätenpläne Samstag bis Sonntag	Häufigkeit
H_Arbeiten_H	11 %	H_Freizeit_H	24 %
H_Einkaufen_H	8 %	H	18 %
H_Freizeit_H	6 %	H_Einkaufen_H	7 %
H	6 %	H_Freizeit_H_Freizeit_H	6 %
H_Bildung_H	4 %	H_Einkaufen_H_Freizeit_H	4 %
H: Aktivitäten zu Hause			

3.3 Interpersonelle Verhaltensvariation

Um Einflussgrößen für die Entscheidungen über Aktivitäten aus der Literatur zu prüfen und Erkenntnisse für die Modellierung zu gewinnen, werden Merkmale wie Erwerbsstatus, Alter oder Geschlecht geprüft. In Analogie zu Auswertungen im Mobilitätsbereich (Verkehrsaufkommen und Mobilitätszeit) werden im Folgenden die Kenngrößen Anzahl an Aktivitäten/Touren sowie die dafür aufgewendete Zeit für Personengruppen dargestellt.

3.3.1 Variation der Aktivitäten- und Tourenanzahl

Personen führen unterschiedlich viele Außer-Haus-Aktivitäten pro Woche durch. Abbildung 3.6 und Abbildung 3.7 zeigen die Verteilungen der Anzahl an Außer-Haus-Aktivitäten pro Woche und Person. Dabei werden sowohl alle Personen der Stichprobe gemeinsam wie auch einzelne Gruppen separat betrachtet. Im Mittel werden 14,17 Aktivitäten pro Woche und Person durchgeführt. Die Standardabweichung beträgt 6,84. Damit werden im Mittel pro Tag und Person 2,02 Aktivitäten durchgeführt. Diese teilen sich auf 1,46 Touren pro Tag und Person auf. Werden nur mobile Tage (das heißt Tage mit mindestens einer Aktivität) betrachtet, erhöhen sich diese Werte auf 2,25 Aktivitäten bzw. 1,63 Touren pro Tag. Im Mittel werden pro Woche 10,23 Touren pro Person durchgeführt.

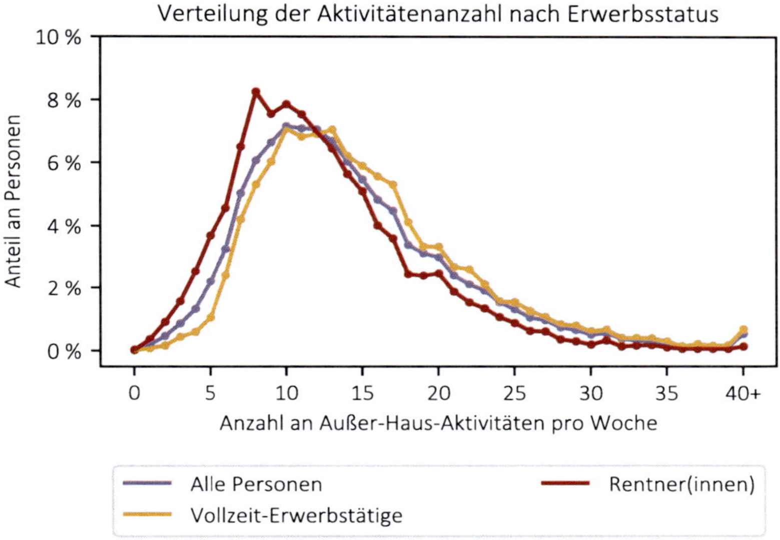

Abbildung 3.6: Verteilung der Aktivitätenanzahl nach Erwerbsstatus

Unterschiedliche Personengruppen führen dabei unterschiedlich viele Aktivitäten durch. Rentner(innen) machen mit 12,34 Aktivitäten pro Woche weniger Aktivitäten als der Durchschnitt. Vollzeit-Erwerbstätige sind mit 15,10 Aktivitäten im Mittel überdurchschnittlich aktiv. Dies spiegelt sich auch in ausgewählten Altersgruppen wider. So haben sehr junge Personen (10 bis 17 Jahre) mit 11,88 Aktivitäten und sehr alte Personen (über 70 Jahre) mit 11,45 Aktivitäten pro Woche die niedrigsten Werte. Insbesondere bei sehr jungen Personen fällt die im Vergleich zu den anderen Gruppen spitzere Verteilung und damit geringere Standardabweichung auf. Diese Personen sind in vielen Fällen Schüler(innen). Der Schulbesuch führt dabei zu einer entsprechenden Mindestanzahl an Aktivitäten, lässt aufgrund des hohen Zeitbedarfs aber auch kaum Raum für viele weitere Aktivitäten. Daraus ergibt sich die Besonderheit der Verteilung. Personen mittleren Alters (36 bis 50 Jahre) haben von allen Altersgruppen den höchsten Mittelwert mit 16,28 Aktivitäten pro Woche.

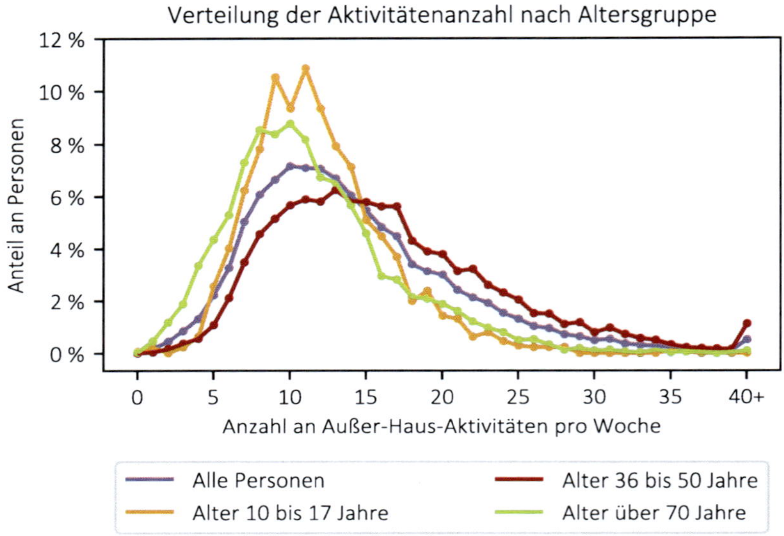

Abbildung 3.7: Verteilung der Aktivitätenanzahl nach Altersgruppe

3.3.2 Variation der Dauer für Aktivitäten pro Woche

Personen verwenden pro Woche im Schnitt 33 h 14 min für Aktivitäten, die nicht zuhause stattfinden. Das sind durchschnittlich 4 h 45 min pro Tag. Der Wert erhöht sich auf 5 h 17 min bei ausschließlicher Betrachtung der mobilen Tage. Analog zur Betrachtung der Anzahl an Aktivitäten ergeben sich auch bei der Dauer deutliche Unterschiede in verschiedenen Gruppen, welche in Abbildung 3.8 und Abbildung 3.9 dargestellt sind.

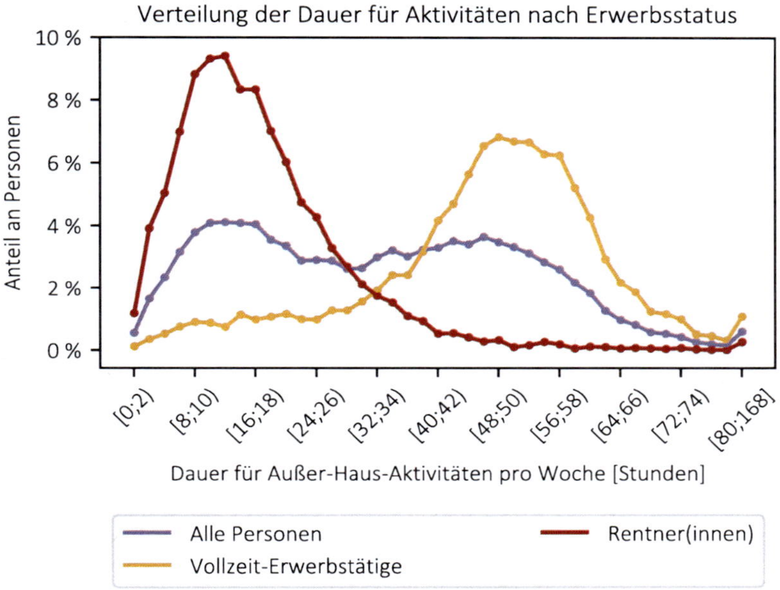

Abbildung 3.8: Verteilung der Dauer für Aktivitäten nach Erwerbsstatus

Der Unterschied zwischen Rentner(inne)n und Erwerbstätigen wirkt sich bei der Betrachtung der Dauer für Aktivitäten deutlicher aus als bei der Anzahl. Rentner(innen) verwenden im Mittel mit 17 h 19 min nur circa ein Drittel der Zeit für Aktivitäten wie Vollzeit-Erwerbstätige (47 h 24 min). In den Altersgruppen ist insbesondere die verwendete Zeit für Aktivitäten bei jungen Menschen (10 bis 17 Jahre) auffällig. Sie führen im Mittel ähnlich viele Aktivitäten wie Personen über 70 Jahre durch (siehe Abbildung 3.7), doch die dafür aufgewendete Zeit beträgt mit 41 h 37 min das 2,5-fache (16 h 12 min). Dies deckt sich mit der bereits angeführten Interpretation der Zeitverwendung für den Schulbesuch. Diese „Pflichtaktivität“ nimmt viel Zeit in Anspruch. Derartige Aktivitäten existieren mit der Erwerbstätigkeit zwar auch bei vielen Menschen der Altersgruppe 36 bis 50 Jahre, jedoch sind in dieser Gruppe auch Teilzeit-Erwerbstätige oder Erwerbslose enthalten, sodass die Verteilung insgesamt ein weniger deutliches Maximum hat. Ältere Personen hingegen haben diese Aktivitäten oftmals nicht, wodurch sich eine deutlich andere Verteilung ergibt.

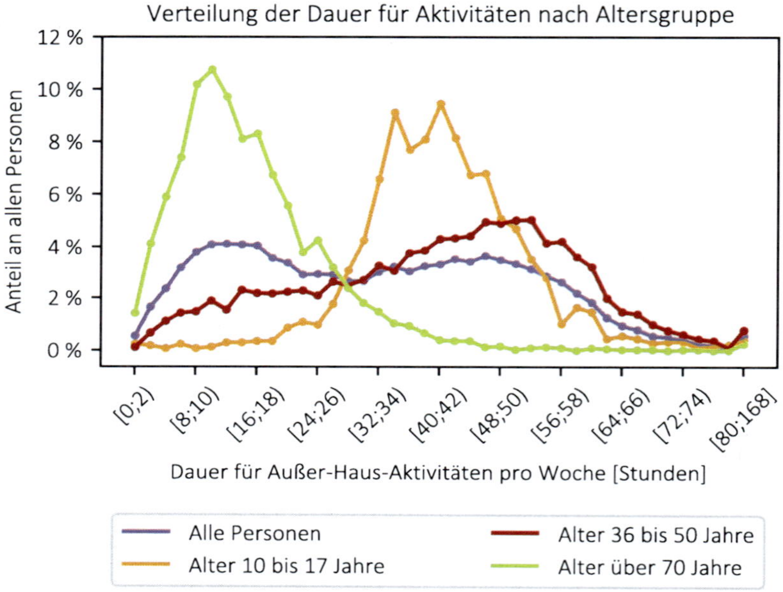

Abbildung 3.9: Verteilung der Dauer für Aktivitäten nach Altersgruppe

3.4 Intrapersonelle Verhaltensvariation

Die intrapersonelle Betrachtung ermöglicht weitere Einblicke in das Verkehrsverhalten von Personen. Die folgenden Abschnitte wenden sowohl aus der Literatur bekannte, aber auch durch den Autor selbst entwickelte Variationsmaße auf die Daten des MOP an. Variation kann nicht einheitlich beschrieben werden. Die folgenden Auswertungen betrachten Variation daher für verschiedene Aspekte wie die Anzahl an Aktivitäten, die dafür aufgewendete Zeit oder die Startzeiten von Touren.

3.4.1 Variation nach Pas

Pas (1987) unterscheidet zwischen einem interpersonellen Teil (engl. Between-Person Sum of Squares, kurz BPSS) und einem intrapersonellen Teil (engl. Within-Person Sum of Squares, kurz WPSS) der Variation. Der intrapersonelle Teil WPSS teilt sich weiterhin in einen systematischen Teil (Between-Day Sum of Squares, kurz BDSS) und in einen zufälligen Teil (Within-Day Sum of Squares, kurz WDSS). Es gilt: Gesamtvariation = BPSS + WPSS sowie WPSS = BDSS + WDSS. Pas definiert:

$$BPSS = \sum_{i=1}^{I} J(\bar{t}_i - \bar{t})^2 \quad (3.1)$$

$$WPSS = \sum_{i=1}^{I} \sum_{j=1}^{J} \left(t_{i,j} - \bar{t}_i\right)^2 \quad (3.2)$$

$$BDSS = \sum_{j=1}^{J} I\left(\bar{t}_j - \bar{t}\right)^2 \quad (3.3)$$

mit

$\bar{t}$: mittlere Anzahl an Wegen pro Tag über alle Personen

$\bar{t}_i$: mittlere Anzahl an Wegen pro Tag von Person i

$\bar{t}_j$: mittlere Anzahl an Wegen pro Person an Tag j

$t_{i,j}$: Anzahl an Wegen von Person i an Tag j

I : Anzahl an untersuchten Personen

J : Anzahl an untersuchten Tagen

Für die folgenden Auswertungen wurden die Variationsgrößen auf die Anzahl an Aktivitäten pro Tag statt wie bei Pas auf die Anzahl an Wegen bezogen. Insgesamt können die Ergebnisse der Untersuchungen von Pas (1987) und Kunert (1992) mit den Daten des MOP weitgehend bestätigt werden. Der Anteil an intrapersoneller Variation ist bei den aktuellen Analysen etwas höher. 61 % der Gesamtvariation (im Unterschied zu 50 % bei der Betrachtung von Werktagen durch Pas und 56 % bei Betrachtung aller Tage durch Kunert) entfallen auf den intrapersonellen Bereich. Analog zu den Ergebnissen von Pas ist der systematische Teil (BDSS) der intrapersonellen Variation mit 7 % Anteil am intrapersonellen Teil sehr gering. Bei ausschließlicher Betrachtung der Anzahl an Arbeitsaktivitäten pro Tag sind 52 % der Gesamtvariation intrapersonell bedingt, bei Freizeitaktivitäten beträgt der Anteil 65 %, bei Einkaufsaktivitäten 73 %. Auch in diesem Punkt können die Ergebnisse von Pas grundsätzlich bestätigt werden. Es zeigen sich hier erneut die Besonderheiten von Arbeitsaktivitäten, die bei vielen Personen zwischen den Tagen weniger variieren als Freizeit- oder Einkaufsaktivitäten. Dies lässt jedoch nur bedingt Rückschlüsse auf deren Regelmäßigkeit zu, da auch Einkaufsaktivitäten regelmäßig an zwei Tagen in der Woche durchgeführt werden können. Hierfür sind jedoch noch längere Erhebungszeiträume und weitere, über die von Pas hinausgehenden, Messgrößen erforderlich.

3.4.2 Variation der Aktivitäten- und Tourenanzahl

Zur Bestimmung der Variation der Aktivitäten- und Tourenzahl kann die Spannweite, ein Streuungsmaß der Statistik, genutzt werden. Gemessen wird diese für drei Kenngrößen, die jeweils für jede Person der Stichprobe berechnet werden:

$$SPAN_{Akt/Tag} = Max(ata_1, \dots, ata_7) - Min(ata_1, \dots, ata_7) \tag{3.4}$$

$$SPAN_{Touren/Tag} = Max(tta_1, \dots, tta_7) - Min(tta_1, \dots, tta_7) \tag{3.5}$$

$$SPAN_{Akt/Tour} = Max(ato_1, \dots, ato_T) - Min(ato_1, \dots, ato_T) \tag{3.6}$$

mit

ata_i : Anzahl an Aktivitäten an Tag i

tta_i : Anzahl an Touren an Tag i

ato_j : Anzahl an Aktivitäten in Tour j

T : Anzahl an Touren der Person in einer Woche

Die Spannweite als Maß der Variation ist eine extreme Betrachtung, da sie abhängig von Ausreißern ist. Allerdings kann damit durch eine kleine Spannweite umso stärker auf eine Stabilität im Verhalten hinsichtlich der betrachteten Aspekte geschlossen werden. Alternativ können die Varianz oder der Variationskoeffizient als Analyseobjekt genutzt werden. Aufgrund der guten Interpretierbarkeit der Spannweite wurde diese für die folgende Auswertung bevorzugt.

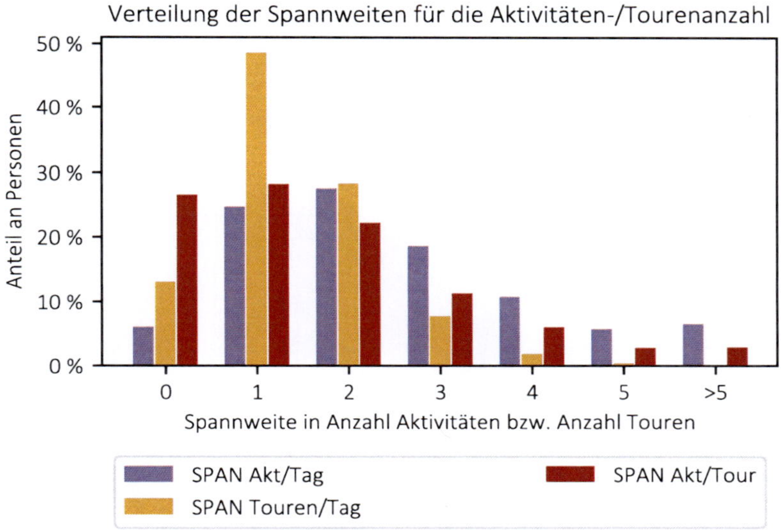

Abbildung 3.10: Verteilung der Spannweiten für die Aktivitäten-/Tourenanzahl

Abbildung 3.10 stellt die Verteilung der zuvor definierten Größen dar. Insgesamt zeigt sich hier für alle drei Größen eine hohe Stabilität. Sowohl bezüglich der Anzahl an Touren pro Tag wie auch der Anzahl an Aktivitäten, die in einer Tour stattfinden, haben über 50 % aller Personen eine Spannweite von 0 oder 1. Daraus folgt eine große Ähnlichkeit der Tage und Touren hinsichtlich dieser Größen. Auch bzgl. der Anzahl an Aktivitäten pro Tag liegt die Spannweite bei über 50 % aller Personen im Bereich 0 bis 2. Existiert ein Tag ohne Aktivitäten, die Person ist also den ganzen Tag zuhause, werden an allen anderen Tagen maximal 2 Aktivitäten pro Tag durchgeführt.

3.4.3 Variation der Zwecke von Aktivitäten nach Wochentagen

Zur weiteren Analyse der Regelmäßigkeit wird die Anzahl an Tagen mit dem Auftreten von Aktivitäten verschiedener Zwecke bestimmt. Abbildung 3.11 zeigt die Verteilung der Aktivitätenhäufigkeiten verschiedener Zwecke für die Anzahl an Wochentagen, an denen Personen Aktivitäten dieses Zwecks durchgeführt haben. Für die Zwecke Arbeiten und Bildung werden zusätzlich Teilgruppen aller Personen betrachtet.

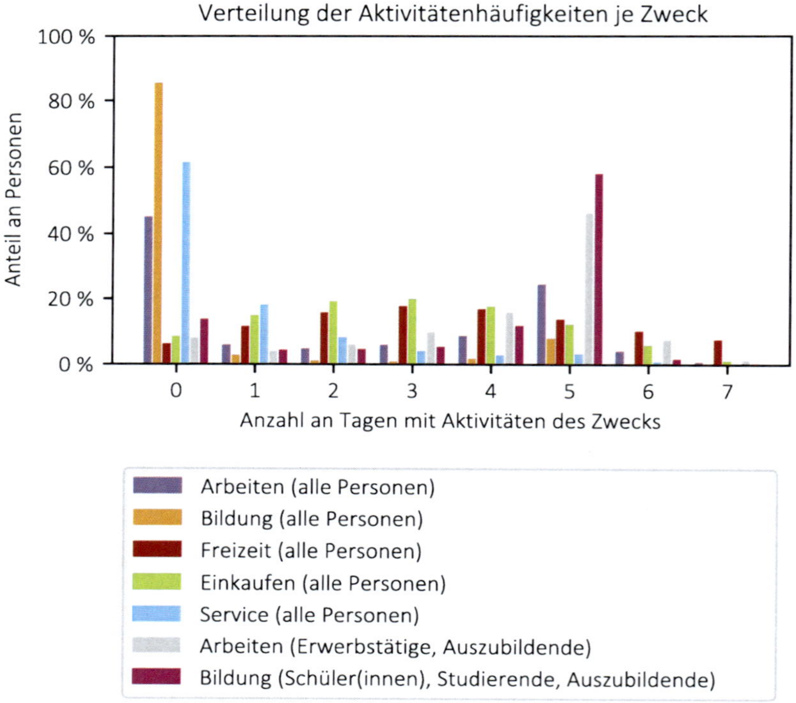

Abbildung 3.11: Verteilung der Aktivitätenhäufigkeiten je Zweck

Es zeigt sich hier erneut der besondere Charakter der Zwecke Arbeiten und Bildung. Es gibt in den relevanten Teilgruppen eine klare Mehrheit an Personen, die diese Aktivitäten an fünf Tagen pro Woche ausführen. Das ist aufgrund der gewöhnlichen Arbeits- und Schulwoche von fünf Tagen in Deutschland ein zu erwartendes Ergebnis. Eine weitere Besonderheit gilt für den Zweck Service, der nur von circa 40 % der Personen überhaupt im Wochenverlauf durchgeführt wird. Die Zwecke Freizeit sowie Einkaufen haben flachere Verteilungen. Zwischen einem und fünf Tagen befinden sich alle Werte zwischen 10 % und 20 % aller Personen. Insgesamt zeigt sich also eine höhere intrapersonelle Stabilität für die Zwecke Arbeiten und Bildung. Mit fünf Tagen werden diese im Wochenverlauf häufiger und damit regelmäßiger durchgeführt als die Zwecke Freizeit und Einkaufen.

3.4.4 Variation der Dauer für Aktivitäten je Tag

Neben der Anzahl durchgeführter Aktivitäten ist die dafür aufgewendete Zeit von Interesse. In der intrapersonellen Betrachtung kann Variation dabei mit der Messgröße des Variationskoeffizienten dargestellt werden. Für die folgende Analyse wird die Variation täglicher Zeitbudgets für verschiedene Zwecke dargestellt. Hierzu werden für jede Person alle Zwecke betrachtet, die an mindestens zwei Wochentagen durchgeführt wurden, da der Koeffizient sonst nicht berechnet werden kann. Für die entsprechenden Wochentage wird der Variationskoeffizient bzgl. der für diese Aktivitäten verwendeten Zeit betrachtet. Es gilt zunächst T_z als die Teilmenge an Tagesindizes, an denen eine Aktivität des Zwecks z stattgefunden hat:

$$T_z = \{i | d_{i,z} > 0\} \tag{3.7}$$

mit

i : Wochentag Nummer i, i ∈ {1, … ,7}

z : Zweck der Aktivität

$d_{i,z}$: Dauer für Aktivitäten des Zwecks z an Tag i

Weiter gilt k als Beschreibung für die Mächtigkeit (Anzahl enthaltener Elemente) der Menge T_z

$$k = |T_z| \tag{3.8}$$

Damit gilt für den Mittelwert MW_z der Dauer für die Aktivität z an den Tagen der Menge T_z:

$$MW_z = \frac{1}{k} \sum_{i \in T_z} d_{i,z} \tag{3.9}$$

Und für die Standardabweichung:

$$STD_z = \sqrt{\frac{1}{k-1} \sum_{i \in T_z} (d_{i,z} - MW_z)^2} \tag{3.10}$$

Damit gilt für den Variationskoeffizienten:

$$VK_z = \frac{STD_z}{MW_z} \tag{3.11}$$

Der Variationskoeffizient ist eine statistische Kenngröße der beschreibenden Statistik. Im Unterschied zur Varianz ermöglicht der Variationskoeffizient auch einen Vergleich unterschiedlicher Größenordnungen. Serviceaktivitäten haben bspw. eine niedrigere Varianz als Arbeitsaktivitäten. Das ist auch dadurch begründet, dass die dafür aufgewendete Zeit im Mittel kürzer ist. Um die wirkliche Variation, also die Schwankung der Dauer für verschiedene Zwecke, betrachten zu können, ist der Variationskoeffizient ein geeignetes Maß. Abbildung 3.12 zeigt die Verteilung der so berechneten Variationskoeffizienten für die verschiedenen Zwecke. Auffällig ist hier erneut die besondere Stellung der Aktivitäten Arbeiten und Bildung. Sie weisen deutlich niedrigere Variationskoeffizienten auf. Kleinere Werte des Variationskoeffizienten bedeuten mehr Stabilität, das heißt, die tägliche Dauer für Aktivitäten ist, relativ gesehen, näher am persönlichen Mittelwert, als dies für andere Zwecke der Fall ist. Da Arbeits- und Bildungsaktivitäten oftmals durch nicht selbstbestimmte Anwesenheitszeiten in einem gewissen Rahmen vorgeschrieben sind, ist auch dies ein zu erwartendes Ergebnis. Es zeigt auch, dass diese Regelmäßigkeiten für andere Aktivitäten nicht in dem Maße gegeben sind.

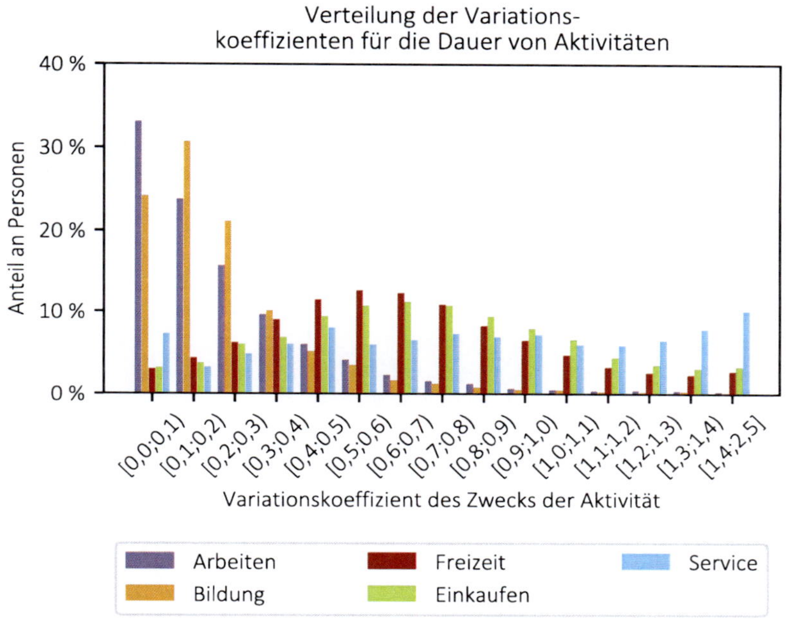

Abbildung 3.12: Verteilung der Variationskoeffizienten für die Dauer von Aktivitäten

Neben der gezeigten Auswertung wird der Variationskoeffizient der Aktivität Freizeit auch für unterschiedliche Personengruppen betrachtet. Es lässt sich die Hypothese aufstellen, dass Erwerbstätige eine andere Variation der Freizeitaktivitäten haben wie Rentner(innen), denen in der Regel mehr Zeit dafür zur Verfügung steht. Diese Auswertung zeigt jedoch keine Besonderheiten für Personengruppen, sondern bestätigt die allgemeine Verteilung über alle Personen wie dargestellt.

3.4.5 Variation von Startzeiten

Neben der Anzahl an durchgeführten Aktivitäten sowie der dafür verwendeten Zeit sind auch Startzeiten relevant, da sie bestimmen, wann eine Person einen zur Aktivität führenden Weg durchführt und damit das Verkehrssystem nutzt. Zur Betrachtung intrapersoneller Variation wird erneut die Messgröße der Spannweite benutzt. Hierzu wird für jede Person jeweils die Stunde der Startzeit der ersten Tour jedes Tages und die daraus resultierende Spannweite analysiert. Es gelten:

$$SPAN_{MF} = Max(st_{1,1}, \dots, st_{5,1}) - Min(st_{1,1}, \dots, st_{5,1}) \tag{3.12}$$

$$SPAN_{SaSo} = Max(st_{6,1}, st_{7,1}) - Min(st_{6,1}, st_{7,1}) \tag{3.13}$$

mit

$st_{i,j}$: Startzeit für Tour Nummer j des Tages an Tag i (in Stunden)

Diese Analyse wird zudem für jene Teilmenge an Werktagen durchgeführt, an denen die erste Tour eine Tour mit Hauptzweck Arbeiten oder Bildung ist.

$$WT\_AB = \{st_{i,1} \mid z_{i,1} \in \{Arbeiten, Bildung\} \cap i \in \{1, \dots, 5\}\} \tag{3.14}$$

$$SPAN_{MF,ArbeitBildung} = Max(WT\_AB) - Min(WT\_AB) \tag{3.15}$$

mit

$z_{i,j}$: Hauptzweck für Tour Nummer j des Tages an Tag i

In der folgenden Abbildung werden nur die Spannweiten dargestellt, die aus mindestens zwei Werten bestehen. Personen mit nur einer Tour am Wochenende sind so für $SPAN_{SaSo}$ nicht in der Analyse enthalten, da dies die Kategorie 0 fälschlicherweise vergrößern würde. Abbildung 3.13 zeigt die Verteilung der analysierten Spannweiten pro Person.

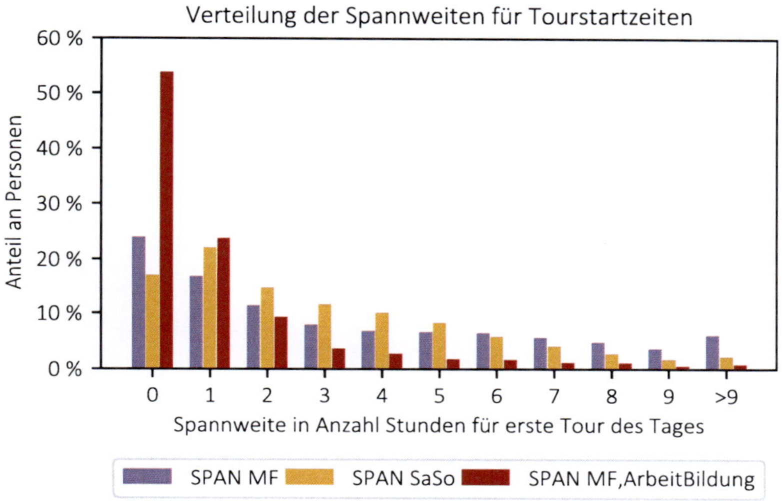

Abbildung 3.13: Verteilung der Spannweiten für Tourstartzeiten

Die Spannweite pro Person ist unter der Woche und am Wochenende relativ ähnlich. Jeweils circa 50 % aller Personen haben eine maximale Abweichung der Startzeit der ersten Tour von zwei Stunden. Wiederum auffällig ist die gesonderte Betrachtung der Touren mit den Zwecken Arbeiten und Bildung. Hier existiert eine wesentlich größere Stabilität, also eine niedrigere Spannweite. Über 50 % der entsprechenden Personen haben eine Spannweite von null Stunden, das heißt alle ersten Touren zu Arbeits- oder Bildungszwecken starten an Werktagen zur gleichen Stunde des Tages. Eine zusätzlich durchgeführte, nicht in der Abbildung dargestellte, Betrachtung der Spannweiten nach Erwerbsstatus bestätigt die Analysen und zeigt geringere Spannweiten für Erwerbstätige und insbesondere höhere Spannweiten für Rentner(innen).

3.4.6 Variation von Tagesaktivitätenplänen

Durchgeführte Analysen anderer Studien (siehe Abschnitt 2.4.3) weisen auf eine sehr geringe Wiederholungsrate exakt gleicher Aktivitätenpläne hin. Im folgenden Abschnitt wird dieser Aspekt anhand der Daten des MOP untersucht. Hierzu werden die Tagesaktivitätenpläne betrachtet, wie sie bereits in Abschnitt 3.2.3 eingeführt wurden. Abbildung 3.14 stellt die Verteilung der Anzahl verschiedener Tagesaktivitätenpläne pro Person dar. Es werden nur mobile Tage betrachtet, an denen eine Außer-Haus-Aktivität der Person stattfand. Das Ergebnis bestätigt die bisherigen Analysen der Literatur. Im Mittel haben Personen 4,92 verschiedene Tagesaktivitätenpläne pro Woche.

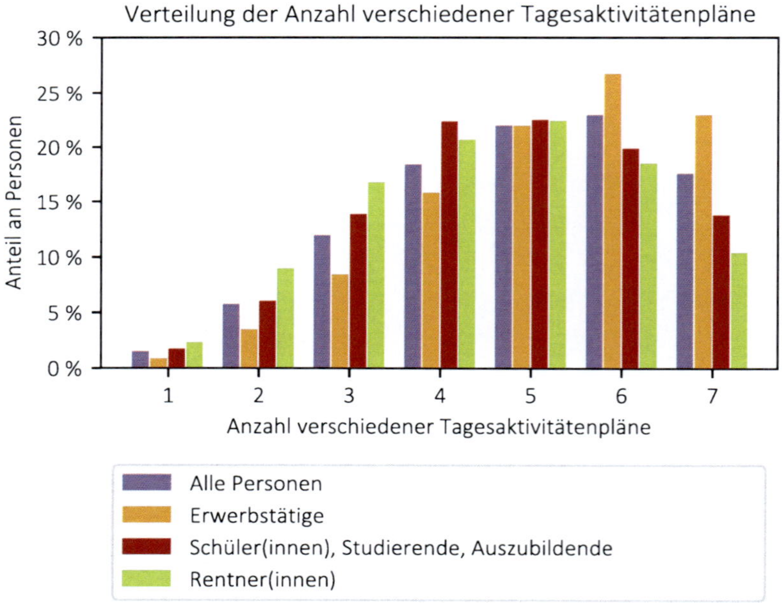

Abbildung 3.14: Verteilung der Anzahl verschiedener Tagesaktivitätenpläne

Eine Stabilität, das heißt wenig verschiedene Pläne, ist selten. Insbesondere Erwerbstätige heben sich hier durch eine hohe Zahl verschiedener Pläne ab. Rentner(innen) hingehen haben im Vergleich weniger verschiedene Pläne, was jedoch auch daran liegt, dass diese an weniger Tagen in der Woche Außer-Haus-Aktivitäten durchführen. Im Unterschied zu den bisherigen Analysen in diesem Kapitel zeigt sich hier eher eine Stabilität für Rentner(innen) und eine höhere Variation für Erwerbstätige.

3.5 Gemeinsame Wege und Aktivitäten

Die Methodik der Datenaufbereitung und -auswertung der folgenden Abschnitte wurden mit einer leicht veränderten Datenbasis bereits in einem Konferenzbeitrag des Transportation Research Board (Hilgert et al. 2018a) veröffentlicht.

Der folgende Abschnitt betrachtet die Methodik zur Ermittlung gemeinsamer Wege und Aktivitäten aus den MOP-Daten sowie Ergebnisse resultierender empirischer Untersuchungen. Ergänzend zu den in Abschnitt 3.1 definierten Anforderungen gelten weitere Bedingungen an die Daten, damit gemeinsame Wege und Aktivitäten ermittelt werden können:

- Es werden nur Daten aus Haushalten verwendet, in denen alle Personen ab 10 Jahren ein Wegetagebuch ausgefüllt haben (vollständig berichtete Haushalte).
- Es werden nur Daten aus Haushalten verwendet, in denen alle Personen eines Haushalts in der gleichen Woche berichtet haben.
- Es werden nur Daten aus Haushalten mit mindestens zwei Personen verwendet.

Es handelt sich daher um eine reduzierte Stichprobe von 17 085 Personen, die 238 255 Außer-Haus-Aktivitäten durchgeführt haben.

3.5.1 Methodik

Gemeinsame Wege und Aktivitäten werden im MOP, im Gegensatz zu anderen Verkehrserhebungen, nicht direkt erhoben. Wegetagebücher werden von jedem Haushaltsmitglied individuell ausgefüllt und es gibt keine Möglichkeit, einen Weg als „gemeinsam" zu kennzeichnen. Nachfolgend wird eine vom Autor entwickelte Methodik dargestellt, um Informationen über derartige Wege und Aktivitäten dennoch aus den erhobenen Daten zu generieren. Gemeinsamkeiten können damit ausschließlich auf Haushaltsebene für alle Haushalte mit mindestens zwei Personen ermittelt werden. Weitere gemeinsame Wege und Aktivitäten, mit Freunden oder anderen Personen, können aufgrund der fehlenden direkten Erhebung dieser Eigenschaft nicht aus den Daten ermittelt werden. Weiterhin ist zu beachten, dass Personen im MOP erst ab dem Alter von zehn Jahren ein Wegetagebuch ausfüllen. Dadurch können einige Service-Wege, bspw. jüngere Kinder zur Schule zu bringen, ebenfalls nicht identifiziert werden. Gleichzeitig können durch die im MOP nicht vorhandene Geo-Codierung der Wege auch falsche Identifizierungen auftreten. Die ermittelten Wege und Aktivitäten sind damit nur eine Näherung der tatsächlich gemeinsam durchgeführten. Zur Ermittlung werden neben Zwecken von Aktivitäten (siehe Abschnitt 3.1) auch Verkehrsmittel zusammengefasst. Es wird unterschieden zwischen zu Fuß, Fahrrad, Motorrad, Pkw als Fahrer, Pkw als Mitfahrer sowie öffentlichen Verkehrsmitteln.

Zur Identifizierung werden alle Wege und Aktivitäten eines Haushalts hinsichtlich gemeinsamer Start- und Endzeiten der Durchführung analysiert. Aufgrund möglicher Rundungen bei der Zeiterfassung werden fünf Minuten Toleranz akzeptiert. Es werden nur solche Wege und Aktivitäten als gemeinsam gewertet, bei denen sowohl Start- wie auch Endzeit übereinstimmen. Verlässt eine Person vorzeitig die gemeinsame Aktivität oder stößt später hinzu, wird diese nach der Methodik nicht identifiziert. Neben der zeitlichen Übereinstimmung gelten weitere Bedingungen, um als gemeinsamer Weg bzw. gemeinsame Aktivität gewertet zu werden.

Gemeinsamer Weg:

- Es muss sich um eine gültige Verkehrsmittelkombination handeln: alle berichten das gleiche Verkehrsmittel oder eine Person Pkw als Fahrer, die andere Person Pkw als Mitfahrer.
- Es muss sich um eine gültige Zweckkombination handeln: alle berichten den gleichen Zweck oder mindestens eine Person Service, die anderen Personen beliebige andere Zwecke.
- Berichtete Distanzen dürfen maximal 10 % voneinander abweichen. Aufgrund nicht vorhandener Geo-Codierungen im MOP ist keine genauere Ortsangabe überprüfbar.

Gemeinsame Aktivität:

- Es muss sich bei allen Personen um den gleichen berichteten Zweck handeln.

3.5.2 Ergebnisse

Tabelle 3.2 zeigt die Häufigkeiten gemeinsamer Wege und Aktivitäten für die Stichprobe. Circa 22 % aller Wege werden gemeinsam mit anderen Haushaltsmitgliedern durchgeführt. Die meisten Wege und Aktivitäten haben eine genaue zeitliche Übereinstimmung. Die Einführung der fünf minütigen Toleranzgrenze erfasst nur wenige weitere gemeinsame Wege und Aktivitäten. Gemeinsam durchgeführt werden circa 17 % aller Aktivitäten. Der niedrigere Wert für gemeinsame Aktivitäten ist plausibel, da eine gemeinsame Aktivität zu zwei gemeinsamen Wegen führen kann (gemeinsame An- und Abreise). Die Ergebnisse stimmen weitestgehend mit anderen Quellen aus der Literatur überein. Aus den Daten der Puget-Sound-Erhebung (Chandrasekharan und Goulias 1999) können, je nach Erhebungswelle, zwischen 24 % und 28 % gemeinsamer Wege mit anderen Haushaltsmitgliedern ermittelt werden.

Tabelle 3.2: Häufigkeiten gemeinsamer Wege und Aktivitäten

Zeitliche Übereinstimmung	Weg		Aktivität	
	Häufigkeit	Anteil	Häufigkeit	Anteil
keine Übereinstimmung	235 515	77,52 %	271 586	83,39 %
genaue Übereinstimmung	63 954	21,05 %	50 389	15,47 %
Übereinst. 1-Min-Bereich	814	0,27 %	516	0,16 %
Übereinst. 2-Min-Bereich	561	0,18 %	440	0,14 %
Übereinst. 3-Min-Bereich	491	0,16 %	394	0,12 %
Übereinst. 4-Min-Bereich	241	0,08 %	236	0,07 %
Übereinst. 5-Min-Bereich	2 247	0,74 %	2 119	0,65 %

3.5.2.1 Charakteristika gemeinsamer Wege

Gemeinsame Wege werden häufiger am Wochenende als unter der Woche durchgeführt. Von Montag bis Freitag liegt der Durchschnitt bei 17 % aller Wege. Dieser Anteil steigt zum Wochenende auf 20 % (Freitag), 35 % (Samstag) sowie 45 % (Sonntag) an. Die meisten gemeinsamen Wege (72 %) werden als Kombination der Verkehrsmittel Pkw als Fahrer und Pkw als Mitfahrer durchgeführt. Wege zu Fuß machen 14 % der gemeinsamen Wege aus, alle weiteren Verkehrsmittel liegen unter 5 %. Unter Ausblendung von Wegen nach Hause, welche 43 % aller gemeinsamen Wege ausmachen, und der Fokussierung auf Außer-Haus-Wege, werden 48 % zu Freizeitzwecken und 35 % zu Einkaufszwecken durchgeführt. Servicewege machen 15 % aus. 96 % aller gemeinsamen Wege finden mit nur zwei Personen statt. Tabelle 3.3 stellt Informationen zu den häufigsten Personenkombinationen nach Erwerbsstatus und Alter bei gemeinsamen Wegen dar. Tabelle 3.4 zeigt Analysen auf Personenebene. Für verschiedene Personengruppen wird der Anteil an gemeinsamen Wegen sowie die Anzahl an Tagen in der Woche, an denen gemeinsame Wege durchgeführt werden, analysiert.

Tabelle 3.3: Gemeinsame Wege – beteiligte Haushaltsmitglieder

Eigenschaft	Anteil
Beteiligte Haushaltsmitglieder nach Erwerbsstatus	
Nur Rentner(innen)	34 %
Nur Vollzeit-Erwerbstätige	10 %
Vollzeit- und Teilzeit-Erwerbstätige	9 %
Hausfrau/Hausmann & Rentner(innen)	5 %
Vollzeit-Erwerbstätige & Schüler(innen)/Studierende	4 %
Teilzeit-Erwerbstätige & Schüler(innen)/Studierende	4 %
Teilzeit-Erwerbstätige & Rentner(innen)	4 %
Andere Kombinationen	30 %
Beteiligte Haushaltsmitglieder nach Alter	
Nur Personen zwischen 61 und 70 Jahren	21 %
Nur Personen über 70 Jahre	12 %
Nur Personen zwischen 36 und 50 Jahren	10 %
Nur Personen zwischen 51 und 60 Jahren	9 %
Personen zwischen 61 und 70 Jahren und über 70 Jahren	8 %
Personen zwischen 51 und 60 Jahren und 61 und 70 Jahren	8 %
Personen zwischen 36 und 50 Jahren und 10 und 17 Jahren	6 %
Andere Kombinationen	26 %

Tabelle 3.4: Gemeinsame Wege – Kennwerte je Personengruppe

Anteil gemeinsamer Wege an allen Wegen der Personen			
Erwerbsstatus	Mittelwert	25%-Quantil	75%-Quantil
Vollzeit-Erwerbstätige	17 %	0 %	25 %
Teilzeit-Erwerbstätige	18 %	4 %	28 %
Schüler(innen)/Studierende	17 %	0 %	26 %
Rentner(innen)	40 %	18 %	58 %
Andere	26 %	7 %	40 %

Ausschließlich Rentner(innen) sind an circa einem Drittel der gemeinsamen Wege beteiligt. Gemeinsame Wege von Erwerbstätigen machen zusammen 19 % aus. Auch bei der Betrachtung des Alters wird deutlich, dass vor allem ältere Personen gemeinsame Wege durchführen. In beiden Tabellen zeigt sich die Bedeutung gemeinsamer Wege für Rentner(innen). Im Mittel werden 40 % aller Wege von diesen Personen mit anderen Haushaltsmitgliedern gemeinsam durchgeführt. Im Gegensatz ist dieser Wert für Erwerbstätige oder Schüler(innen)/Studierende nur halb so hoch.

3.5.2.2 Charakteristika gemeinsamer Aktivitäten

Die Analyse der Charakteristika gemeinsamer Aktivitäten bestätigt die Erkenntnisse des vorherigen Abschnitts. Auch gemeinsame Aktivitäten werden häufiger am Wochenende durchgeführt. Samstags werden 28 % und sonntags 34 % der Aktivitäten gemeinsam durchgeführt. Der Effekt des Wochenendes ist nachvollziehbar, da dort oftmals weniger Zeit durch Arbeits- oder Bildungsaktivitäten vorbestimmt ist. Auch gemeinsame Aktivitäten werden zu über 90 % von den Zwecken zu Hause, Freizeit und Einkaufen dominiert. Auch die Analyse teilnehmender Haushaltsmitglieder sowie die Auswertungen auf Personenebene bringen keine zusätzlichen Erkenntnisse. Rentner(innen) führen im Mittel 32 % ihrer Aktivitäten gemeinsam durch. Für Erwerbstätige und

Schüler(innen)/Studierende ist dieser Wert erneut nur halb so hoch. Da Rentner(innen) selten Arbeits- oder Bildungsaktivitäten durchführen, ist auch dieses Ergebnis nachvollziehbar.

3.5.2.3 Kombination gemeinsamer Wege und Aktivitäten

Für die integrierte Betrachtung der beiden Aspekte Wege und Aktivitäten wird jeweils eine Aktivität mit dem Weg zum Start der Aktivität verknüpft. Damit ergeben sich in der Analyse vier mögliche Kombinationen:

- Die Aktivität und der Weg zum Start der Aktivität werden gemeinsam durchgeführt.
- Nur die Aktivität wird gemeinsam durchgeführt.
- Nur der Weg zum Start der Aktivität wird gemeinsam durchgeführt.
- Es finden keine gemeinsamen Elemente statt.

Abbildung 3.15 stellt die Verteilung der beschriebenen Kombinationen für verschiedene Zwecke von Aktivitäten dar. Es zeigt sich erneut die Bedeutung der Zwecke Freizeit und Einkaufen. Falls gemeinsame Elemente existieren, werden am häufigsten Weg und Aktivität gemeinsam durchgeführt (grüne Anteile in der Abbildung). Die Durchführung nur des Wegs gemeinsam ist selten. Andere Zwecke wie Bildung und Service sind dagegen, wenn gemeinsame Elemente vorhanden sind, von gemeinsamen Wegen geprägt (orangene Anteile in der Abbildung). Auch das ist nachvollziehbar, da diese beiden Zwecke oft miteinander kombiniert werden, bspw. das Kind zur Schule bringen. Insgesamt zeigen sich bei Arbeitsaktivitäten die geringsten Werte für gemeinsame Elemente.

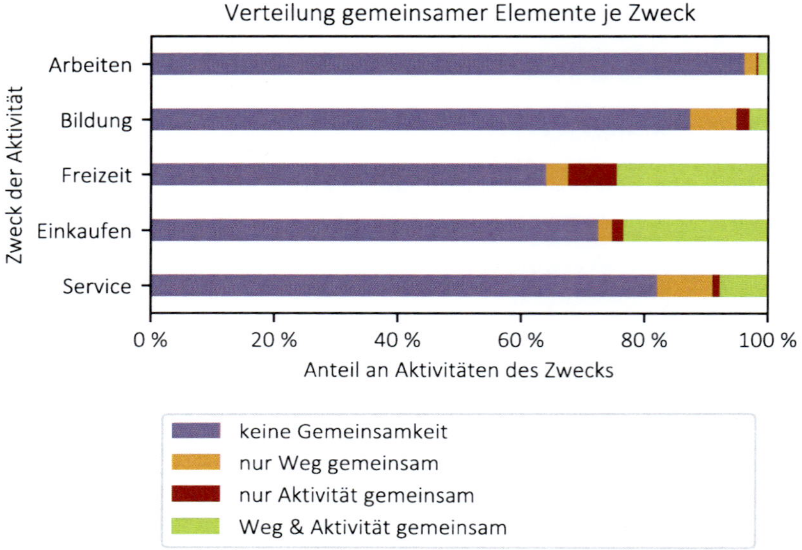

Abbildung 3.15: Verteilung gemeinsamer Elemente je Zweck

3.6 Schlussfolgerungen für die Modellierung von Wochenaktivitätenplänen

Insgesamt können die grundlegenden Erkenntnisse der Literatur, wie sie in Kapitel 2 ausgearbeitet wurden, mit den durchgeführten Analysen bestätigt werden. Die folgenden Erkenntnisse zu Aktivitätenplänen und der Nachfrage nach Aktivitäten sind für das entwickelte Modell zur Erzeugung von Wochenaktivitätenplänen von besonderer Bedeutung:

- Es existieren deutliche Unterschiede in der Aktivitätennachfrage nach Wochentag und Zweck. Kein Zweck wird gleichmäßig über alle Tage der Woche durchgeführt.

- Die Dauer von Aktivitäten unterscheidet sich nach Zweck der Aktivität. Arbeits- und Bildungsaktivitäten dauern im Mittel am längsten.

Der Erwerbsstatus spielt eine entscheidende Rolle für viele Aspekte der Aktivitätenplanung:

- Startzeiten der Touren mit dem Zweck Arbeiten und Bildung beginnen überwiegend in den Morgenstunden. Intrapersonell variieren diese sehr wenig. Über 50 % der Personen, die diese Touren durchführen, haben eine Spannweite von null Stunden, das heißt alle ersten Touren zu Arbeits- oder Bildungszwecken starten an Werktagen zur gleichen Stunde des Tages.
- Rentner(innen) führen im Mittel 20 % weniger Aktivitäten pro Woche durch als Erwerbstätige. Die dafür verwendete Zeit beträgt nur ein Drittel der Zeit, die Erwerbstätige mit Aktivitäten verbringen.
- Aktivitäten zu Arbeits- und Bildungszwecken werden überwiegend an fünf Tagen pro Woche durchgeführt. Andere Aktivitäten haben keinen so deutlichen Schwerpunkt und werden von Personen sowohl an sehr wenigen Tagen der Woche wie auch an sehr vielen Tagen der Woche durchgeführt.
- Die für Arbeits- und Bildungsaktivitäten aufgewendete Zeit variiert intrapersonell sehr wenig zwischen den Tagen. Dies zeigt sich an geringen Werten des Variationskoeffizienten. Für andere Aktivitäten wie Freizeit oder Einkaufen sind die Variationskoeffizienten größer.

Weitere Erkenntnisse können durch die intrapersonelle Betrachtung im Längsschnitt gewonnen werden:

- Die Anzahl an Aktivitäten und Touren pro Tag variiert von Tag zu Tag intrapersonell nur sehr wenig. Unabhängig vom Erwerbsstatus tendieren Menschen zu einer konstanten Anzahl an Aktivitäten und Touren pro Tag.
- Die Wiederholung exakt gleicher Tagespläne ist, bezogen auf die Reihenfolge der Aktivitäten, selten. Übereinstimmend mit der Literatur kann diesbezüglich eine hohe Variation gemessen werden. Im Mittel führen Personen 4,92 verschiedene Tagespläne pro Woche durch.

Durch die Betrachtung gemeinsamer Wege und Aktivitäten von Haushaltsmitgliedern ab zehn Jahren ergeben sich weitere wichtige Aspekte:

- Circa 22 % aller Wege und circa 17 % aller Aktivitäten in Haushalten mit mindestens zwei Haushaltsmitgliedern werden gemeinsam durchgeführt.
- Gemeinsame Wege und Aktivitäten werden vor allem von Rentner(inne)n bzw. von älteren Personen durchgeführt.
- Bei den Zwecken Einkaufen und Freizeit werden in den meisten Fällen Weg und Aktivität gemeinsam durchgeführt. Bei Bildungs- und Serviceaktivitäten hingegen findet mehrheitlich nur der Weg zu der Aktivität gemeinsam statt.

4 actiTopp – Modell zur Erzeugung von Wochenaktivitätenplänen

Aktivitätenpläne sind zentraler Bestandteil der Verkehrsnachfragemodellierung. Das Verständnis der zugrundeliegenden Entscheidungsprozesse ist insbesondere relevant, um die Auswirkungen von Planungsmaßnahmen abbilden und bewerten zu können. Analysen der Literatur sowie eigene empirische Analysen haben zudem die Motivation der Betrachtung des Zeitraums einer Woche bekräftigt. Durch die Modellierung dieses Zeitraums können auch intrapersonelle Verhaltensvariationen abgebildet und damit ein Mehrwert in der Modellierung erreicht werden. Das im Rahmen der Arbeit entwickelte und in diesem Kapitel vorgestellte Modell *actiTopp* ist ein Modell zur Erzeugung von Wochenaktivitätenplänen. Es erzeugt für beliebige Personen Aktivitätenpläne (siehe Abbildung 4.1). Diese Pläne berücksichtigen intrapersonelle Verhaltensvariationen im Wochenverlauf und sind innerhalb eines Haushalts aufeinander abgestimmt. Gemeinsame Aktivitäten mit verschiedenen Haushaltsmitgliedern können mit ersten Modellansätzen abgebildet werden.

Abbildung 4.1: Grundprinzip von actiTopp

actiTopp ist in der Programmiersprache Java implementiert und seit 2017 als Open-Source-Projekt auf GitHub veröffentlicht. Die hier beschriebene stellt das Modell in der Version 1.45 vor. Eine Übersicht über alle bisher entstandenen Versionen befindet sich in Anhang A. *actiTopp* kann grundsätzlich als eigenständiges Modell genutzt werden, wurde jedoch primär für die Verwendung in dem Verkehrsnachfragemodell mobiTopp (siehe Abschnitt 2.3.4) konzipiert. Abschnitt 4.1 stellt zunächst den Entwicklungsprozess des Modells basierend auf den Daten des MOP dar. Abschnitt 4.2 betrachtet die Modellstruktur, erläutert die Möglichkeiten der Maßnahmenbewertung und grenzt das Modell zu anderen Arbeiten ab. Ausführungen zu in der Modellierung verwendeten Verfahren, ermittelten Gütemaßen und den wichtigsten Parametern erfolgen in Abschnitt 4.3. Die Abschnitte 4.4 und 4.5 behandeln im Speziellen die Modellierung von Aspekten der Stabilität sowie die Abbildung gemeinsamer Wege und Aktivitäten. Abschließend erfolgt die Darstellung verschiedener Kennwerte zur Validierung des Modells in Abschnitt 4.6.

Inhalte aus den Abschnitten dieses Kapitels wurden in Teilen bereits in Artikeln der Fachzeitschriften „Transportation Research Procedia" (Hilgert et al. 2016a), „Transportation Research Record" (Hilgert et al. 2017a) und „Straßenverkehrstechnik" (Hilgert et al. 2017b) sowie in einem Konferenzbeitrag des Transportation Research Board (Hilgert et al. 2018a) veröffentlicht.

4.1 Struktur der Modellentwicklung

Datengrundlage zur Entwicklung des Modells sind die in Abschnitt 2.2.1 vorgestellten Daten des Deutschen Mobilitätspanels. Abbildung 4.2 stellt die Struktur der Modellentwicklung in vier Schritten dar:

1. Modellschätzung
2. Eingabeparameter
3. Ausgabedaten
4. Validierung

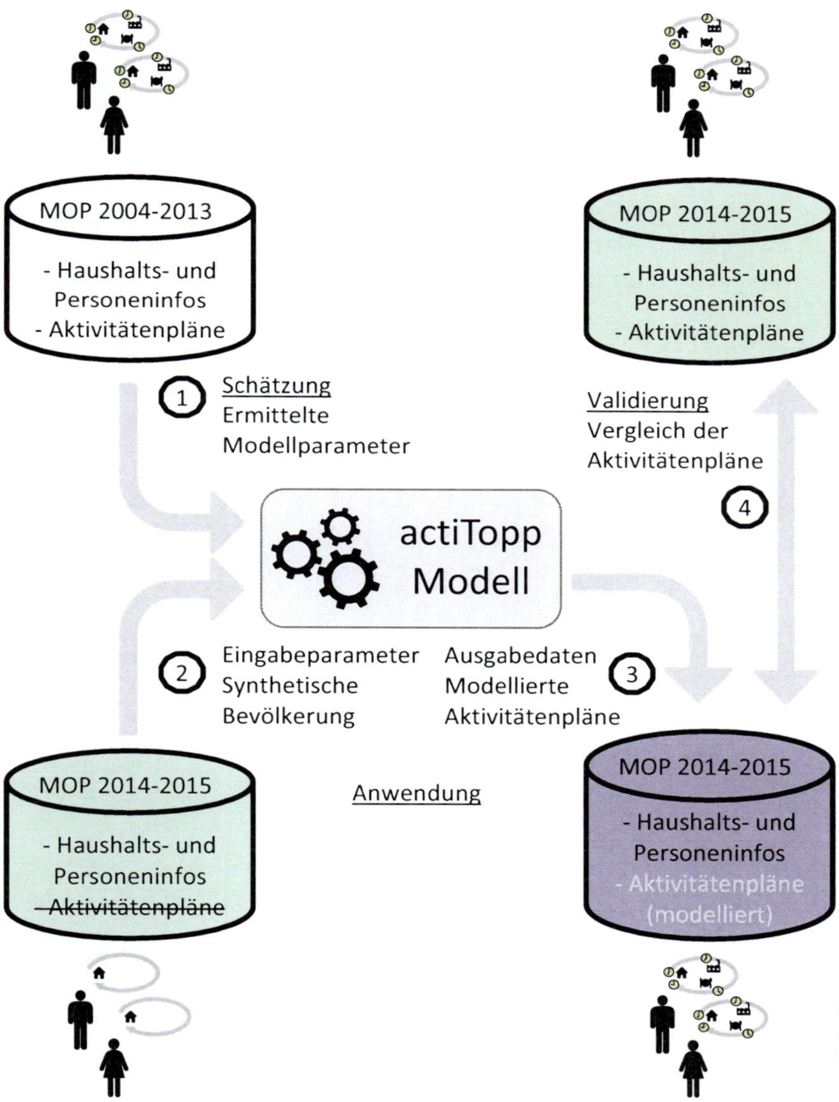

Abbildung 4.2: Struktur der Modellentwicklung von actiTopp

Zur Schätzung der Modellparameter werden die Daten des MOP von 2004 bis 2013 verwendet (Schritt 1). Diese umfassen 17 843 Personen mit ihren Wochenaktivitätenplänen und über 450 000 durchgeführte Aktivitäten (inkl. Zu-Hause Aktivitäten). Anhand dieser vollständigen Informationen bzgl. der Wochenaktivitätenpläne werden Modellparameter für verschiedene Modellschritte geschätzt. Zur Validierung der ermittelten Modellparameter werden die Daten des MOP der Jahre 2014 bis 2015 genutzt. Die Daten von wiederholten Erhebungsteilnahmen (durch den Panelcharakter der Erhebung konnten auch Teilnehmer von 2012 und 2013 erneut am MOP 2014 bzw. Teilnehmer von 2013 erneut am MOP 2015 teilnehmen) werden nicht verwendet. Dieser auf die Kohorten 2014 bis 2015 reduzierte Validierungsdatensatz umfasst 3 095 Personen und ist damit komplett von den Daten getrennt, die zur Modellschätzung verwendet werden. Die Informationen dieser Personen werden für den Test des Modells in Schritt 2 auf die für *actiTopp* notwendigen Eingabeparameter reduziert. Mit diesen Daten werden für alle Personen Aktivitätenpläne generiert (siehe Output des Modells in Schritt 3). Zur Validierung des Modells (Schritt 4) werden die modellierten Aktivitätenpläne schließlich mit den tatsächlich erhobenen Plänen des Datensatzes des MOP der Jahre 2014 bis 2015 verglichen.
Die Datenaufbereitung der MOP-Daten und die Schätzung der Modellparameter (Schritt 1) erfolgt mit der Statistik-Software SAS (Statistical Analysis System). Schritt 2 und 3 werden mit der Implementierung des Modells in Java durchgeführt. Hierbei wird zur Vor- und Nachbereitung der Daten weiterhin SAS verwendet und an den notwendigen Stellen die Java-Implementierung aufgerufen. Die Java-Implementierung ist allerdings auch vollständig ohne SAS nutzbar. Zur Vor- und Nachbereitung der Daten kann theoretisch ein beliebiges Programm verwendet werden. Die Validierung der Daten (Schritt 4) wird mithilfe einer Programmierung in Excel/VBA durchgeführt. Diese importiert die zuvor in SAS aufbereiteten Daten, um die Validierung einzelner Modellteile sowie auch übergreifender Modellgütekriterien prüfen zu können (siehe Abschnitt 4.6).

4.2 Modellstruktur

4.2.1 Eingabeparameter und Ausgabedaten

Das Modell *actiTopp* benötigt die in Abbildung 4.3 links dargestellten Eingabeparameter zur Modellausführung. Dabei wird zwischen Personen- und Haushaltsinformationen unterschieden.

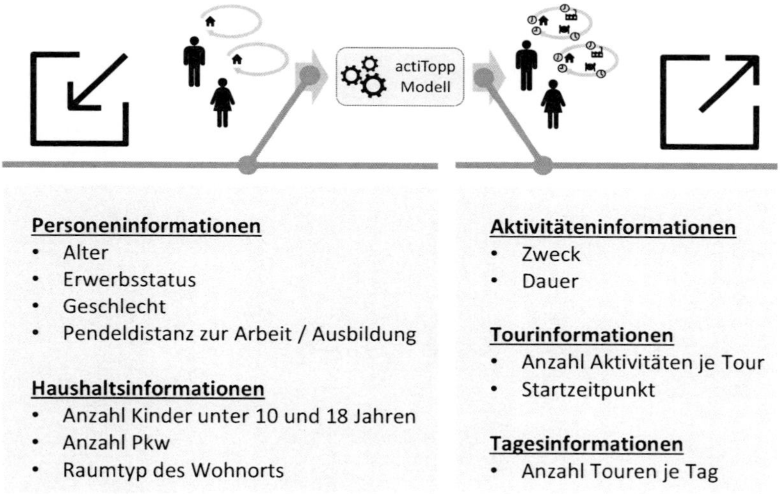

Abbildung 4.3: Eingabeparameter und Ausgabedaten von actiTopp

Diese Informationen enthalten neben soziodemografischen Informationen auf Haushalts- und Personenebene auch solche zum Raumkontext des Wohnorts und der Pendeldistanz zum Arbeits- oder Ausbildungsort. Neben dem Alter in Jahren, der Pendeldistanz in Kilometern und der Anzahl an Kindern sowie Pkw unterscheidet *actiTopp* Gruppen des Erwerbsstatus und des Raumtyps, deren Codierungen in Anhang B dargestellt sind.

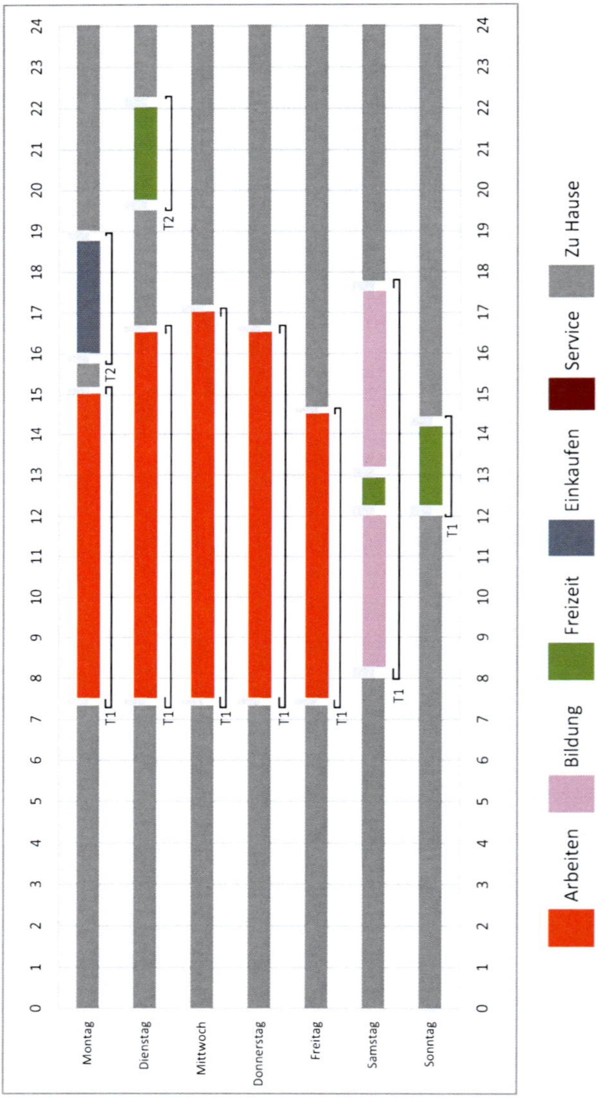

Abbildung 4.4: Visualisierung der Ausgabedaten von actiTopp

Die Ausgabedaten (siehe Abbildung 4.3 rechts) entsprechen dem Modellergebnis von *actiTopp*. Die Informationen des erzeugten Wochenaktivitätenplans lassen sich auf die Informationen in Abbildung 4.3 verdichten. Sie enthalten Zweck und Dauer jeder Aktivität, deren Durchführung im Verlauf einer Woche geplant ist. Aktivitäten sind dabei in Touren zusammengefasst. Touren haben einen Startzeitpunkt, welcher ebenfalls im Modellverlauf bestimmt wird. Zusätzlich wird für jeden Tag die Anzahl an Touren modelliert. Diese Informationen ergeben kombiniert als Ergebnis von *actiTopp* einen Wochenaktivitätenplan, wie er beispielhaft in Abbildung 4.4 dargestellt ist.

4.2.2 Strukturübersicht

Aktivitätenpläne bestehen, wie bereits im vorhergehenden Abschnitt beschrieben, aus Informationen auf verschiedenen Ebenen. Durch deren Verknüpfung (Informationen über den Tag bestehen bspw. aus Informationen verschiedener Touren, welche wiederum durch jeweils eine oder mehrere Aktivitäten beschrieben werden) ergibt sich eine sehr hohe Zahl an Möglichkeiten, wie ein Aktivitätenplan aussehen kann. Durch die Integration des Faktors Zeit ergibt sich neben dem kombinatorischen Problem der Anordnung einer bestimmten Zahl von Aktivitäten eine weiter steigende Zahl an Freiheitsgraden. Die Entscheidung über einen Wochenaktivitätenplan in einem einzigen Modellschritt ist daher nicht praktikabel und wird, selbst für den Plan eines Tages, auch in anderen Modellen nicht durchgeführt. Vielmehr wird die Modellierung in eine Vielzahl kleinerer, aber in der Komplexität reduzierter, Schritte eingeteilt.
Die grundlegende Struktur von *actiTopp* mit der Reihenfolge der Modellschritte zeigt nachfolgend Abbildung 4.5. Die Modellschritte bestehen dabei teilweise aus mehreren Einzelentscheidungen. Schritt 3 ist zum Beispiel aufgeteilt in zwei Entscheidungen: Anzahl an Touren vor der Haupttour des Tages (3A) sowie Anzahl an Touren nach der Haupttour des Tages (3B). Einige der Modellschritte werden, weil sie bspw. besonders wichtig für die Abbildung von Stabilitätsaspekten sind, in den nachfolgenden Abschnitten detaillierter beschrieben.

Abbildung 4.5: actiTopp – Modellstruktur

Eine Übersicht über alle Einzelentscheidungen mit weiteren Informationen zum jeweiligen Modelltyp und der Anzahl betrachteter Alternativen findet sich in Anhang C. Modellschritte werden (siehe Abbildung 4.5) auf unterschiedlichen Entscheidungsebenen, zum Beispiel für jede Tour oder für jede Aktivität, und demnach auch mehrfach durchgeführt. Dabei ist jedoch die Einhaltung der Reihenfolge zu beachten, das heißt der nachfolgende Schritt erfolgt jeweils erst nach der x-fachen Ausführung des vorherigen Schrittes.

In *actiTopp* werden zwei Modellierungsverfahren unterschieden: logistische Regressionen und gewichtete Zufallszahlenziehungen. Der überwiegende Teil der Modellschritte verwendet logistische Regressionen zur Modellierung der Entscheidungen. Insgesamt enthält das Gesamtmodell 30 einzelne logistische Regressionen. Bei den in Abbildung 4.5 blau gekennzeichneten Modellschritten 7, 8 und 10 werden logistische Regressionen mit gewichteten Zufallszahlenziehungen kombiniert. Dies ermöglicht die Abbildung von Dauern und Startzeiten auf einer feineren zeitlichen Ebene in minutengenauer Auflösung. Eine Einführung in beide Verfahren wird in den Abschnitten 4.3.1 sowie 4.3.2 gegeben. Weitere Details zu einzelnen Modellschritten finden sich zudem in den folgenden Abschnitten dieses Kapitels.

4.2.3 Möglichkeiten der Bewertung von Planungsmaßnahmen

Zur Abbildung von Planungsmaßnahmen ist es relevant, wie Modellteile miteinander verknüpft sind. Es werden dabei verschiedene Möglichkeiten der Verknüpfung unterschieden, welche sich unterschiedlich auf die Möglichkeiten zur Bewertung von Planungsmaßnahmen auswirken. Tabelle 4.1 stellt die nachfolgend erläuterten Verknüpfungsmöglichkeiten vor und zeigt, welche davon in *actiTopp* umgesetzt sind.

Es werden zunächst vertikale (Verknüpfung unterschiedlicher Modellschritte) und horizontale Verknüpfungen (Verknüpfung mehrerer Modellausführungen) unterschieden. Vertikale Abhängigkeiten werden weiter in Richtung der Modellierung modellabwärts sowie entgegen der Richtung, modellaufwärts unterschieden. Verknüpfungen modellabwärts werden auch als „Downward Vertical Integrity“ bezeichnet, siehe hierzu Vovsha et al. (2005) oder Castiglione et al. (2014). Verknüpfungen modellaufwärts werden von Vovsha et al. (2005) als „Lernprozess“ beschrieben.

Tabelle 4.1: Verknüpfungen von Modellteilen zur Maßnahmenbewertung in actiTopp

Vertikale Verknüpfung		Horizontale Verknüpfung	
Art der Verknüpfung	Status	Art der Verknüpfung	Status
Modellabwärts	Ja	Implizit	Ja
Modellaufwärts	Nein	Explizit	Teilweise

Die Modellschritte in *actiTopp* sind über vertikale Abhängigkeiten modellabwärts miteinander verbunden. In jedem Modellschritt werden die Ergebnisse des vorherigen Schritts (weiter oben in der Hierarchie) als gegeben angenommen. Der Hauptzweck einer Tour (Schritt 4) ist unter anderem von der Anzahl der Touren an diesem Tag abhängig (Schritt 3). Eine umgekehrte vertikale Abhängigkeit modellaufwärts (bspw. von Modellschritt 4 zu Modellschritt 3) über erwartete Nutzenterme (Logsums) oder andere Feedbackmechanismen ist aufgrund der vielen Entscheidungsebenen im Modell und der damit verbundenen Komplexität noch nicht berücksichtigt. Die Integration dieses „Lernprozesses" ist nicht Bestandteil der beschriebenen Modellversion. Dies hat Auswirkungen auf die Abbildung von Rückkopplungen und die Sensitivität des Modells bzgl. Planungsmaßnahmen. Bisher können so Veränderungen in oberen Schritten des Modells (bspw. eine veränderte Anzahl an Außer-Haus-Arbeitsaktivitäten) auf untere Modellschritte abgebildet werden (bspw. die Dauer für die restlichen Außer-Haus-Aktivitäten). Veränderungen in unteren Modellschritten wie regulierte Startzeiten für Bildungsaktivitäten wirken sich jedoch noch nicht auf die Zusammensetzung oder die Anzahl an Aktivitäten, welche früher im Modell bestimmt werden, aus.

Vertikale Abhängigkeit kann auch über verschiedene Bereiche der Verkehrsnachfragemodellierung hinweg betrachtet werden. Modelle wie Ziel-, Verkehrsmittel- und Routenwahl, die nach der Aktivitätenplanung von *actiTopp* durchgeführt werden, verwenden dessen Ergebnisse. Hier ist die Verknüpfung modellabwärts gegeben. Veränderungen in diesen Bereichen haben jedoch keine Auswirkungen auf die geplanten Aktivitäten. Modellaufwärts fehlt diese Verknüpfung also auch über die unterschiedlichen Bereiche hinweg.

Diese übergreifende vertikale Verknüpfung muss ein wichtiger zukünftiger Baustein der Modellentwicklung sein. Dadurch wäre es möglich, Veränderungen im Verkehrssystem wie veränderte Ankunftszeiten durch Staus auch in der Aktivitätenplanung zu berücksichtigen und damit Mechanismen der Aktivitätenverschiebung zu implementieren.
Neben vertikalen Abhängigkeiten sind in *actiTopp* auch horizontale Abhängigkeiten (zwischen Personen oder Haushalten) berücksichtigt. Es werden dabei implizite sowie explizite Verknüpfungen unterschieden. Implizite Verknüpfungen umfassen die Integration von Haushaltseigenschaften in der Modellierung. Damit erhöhen Kinder im Haushalt bspw. die Wahrscheinlichkeit, Service-Aktivitäten (Holen und Bringen) im Verlauf der Woche durchzuführen. Explizite Verknüpfungen werden durch die Integration gemeinsamer Wege und Aktivitäten umgesetzt. Hierbei erfolgt eine explizite Koordinierung mehrerer Modellausführungen, also der Aktivitätenpläne mehrerer Haushaltsmitglieder, was Freiheitsgrade in der Modellierung einschränkt. Neben der Betrachtung innerhalb des Haushalts können horizontale Verknüpfungen auch zu anderen Personen wie Freunden oder Arbeitskollegen bestehen. Diese Abhängigkeiten über den Haushalt hinaus werden aufgrund ihrer Komplexität in der Abbildung sozialer Netzwerke und der dafür fehlenden Datenbasis von *actiTopp* nicht abgebildet.

4.2.4 Abgrenzung zu bestehenden Modellen

Die Idee der Zerlegung der Modellierung in kleinere Teilmodelle wurde für Tagesaktivitätenpläne durch John Bowman in dessen Dissertation "The Day Activity Schedule Approach" (Bowman 1998) beschrieben. Auf Basis dieses Ansatzes sind zahlreiche in der Praxis genutzte Modelle entstanden. Bowman beschreibt dabei den Ansatz, die Erzeugung eines Aktivitätenplans aufgrund der sehr hohen Anzahl an Freiheitsgraden, der Anzahl möglicher Alternativen und der Komplexität der Entscheidung in mehrere, einfachere Entscheidungen aufzuteilen. Er empfiehlt eine schrittweise Modellierung auf verschiedenen Entscheidungsebenen, um den Aktivitätenplan zu generieren (siehe auch Abbildung 2.6). Der Modellansatz von *actiTopp* folgt im Grundsatz diesen

Ideen. Aufgrund der Modellierung der Woche kommt im Unterschied zum Bowman-Modell oder CEMDAP (Bhat et al. 2004; Pinjari und Bhat 2011) die Entscheidungsebene der Woche hinzu. Die zeitliche Auflösung ist mit der minutengenauen Abbildung der Dauer und der Startzeiten feiner aufgelöst als im ursprünglichen Modell von Bowman und den meisten in der Folge daraus abgeleiteten Modellen. Bowman hat in sein Modell zudem vertikale Verknüpfungen modellaufwärts integriert. Über Logsummen der unteren Schritte konnten dortige Veränderungen auch in oberen Schritten abgebildet werden. Diese Abhängigkeiten sind wie im vorherigen Abschnitt beschrieben bisher nicht Teil von *actiTopp*. Im Unterschied zum Bowman-Modell oder CEMDAP findet in *actiTopp* keine Ziel- und Verkehrsmittelwahl statt. Die Fokussierung liegt auf der Modellierung der Aktivitätenpläne. Die Modellierung liefert damit nur Informationen zur Quantität von Wegen, die sich aus der Anzahl der Aktivitäten ergibt. Wegdauern sind als Zeitpuffer im Aktivitätenplan enthalten, um die Modellierung der Dauern für Aktivitäten zu verbessern. Dabei werden Standardzeiten pro Weg verwendet sowie auf Pendelwegen die Inputinformation der Pendelentfernung in entsprechende Zeiten umgerechnet. Ziele und Verkehrsmittel werden von *actiTopp* nicht gewählt. *actiTopp* ist daher immer als Ergänzung zu anderen Teilen der Verkehrsnachfragemodellierung zu sehen und kann durch die Modellimplementierung in Java leicht mit anderen Modellen verknüpft werden.

Alleinstellungsmerkmal des Modells *actiTopp* ist die Abbildung des Zeitraums einer Woche und die damit verbundene Integration von Stabilitätsaspekten. Intrapersonelle Verhaltensvariationen können explizit abgebildet werden. Durch die Modellentwicklung auf Basis der für Deutschland gültigen Längsschnittdaten des MOP kann *actiTopp* eine gesamte Woche modellieren und für verschiedenste Planungsräume angewendet werden. Dies ermöglicht es, Verkehrsnachfragemodelle einfacher als bisher für den Zeitraum einer Woche aufzubauen, da für die Erstellung der Aktivitätenpläne keine weiteren Längsschnittdaten mehr erforderlich sind. Weitere Längsschnittdaten verbessern zwar Validierungsmöglichkeiten, sind jedoch nicht zwingend für die Anwendung. Auch für Nachfragemodelle eines Tages können Auszüge der Pläne von *actiTopp* genutzt werden.

4.3 Modellierungsverfahren

actiTopp verwendet in der Modellierung zwei unterscheidbare Verfahren: logistische Regressionen und gewichtete Zufallszahlenziehungen. Nachfolgend werden in den Abschnitten 4.3.1 und 4.3.2 Grundlagen und Funktionsweisen beider Verfahren beschrieben. Abschnitt 4.3.3 stellt die Ergebnisse der Modellschätzung und -kalibrierung der in *actiTopp* verwendeten logistischen Regressionen dar und abschließend betrachtet Abschnitt 4.3.4 die Relevanz und Bedeutung verschiedener Variablen für die Modellschritte.

4.3.1 Logistische Regression

Zur Modellierung von diskreten Entscheidungen und der Ermittlung von Einflussfaktoren zum Zustandekommen einer diskreten Entscheidung können Wahlmodelle verwendet werden, die in der Literatur als „Discrete-Choice-Modelle" bezeichnet werden. Diese Modelle haben folgende Eigenschaften:

- Es existiert eine diskrete Menge an Alternativen $A = \{a_1, a_2 ..., a_n\}$.
- Jede Alternative kann mit einer Nutzenfunktion U bewertet werden.
- Eine Aufteilungsfunktion P bestimmt die Auswahlwahrscheinlichkeit zur Wahl jeder Alternative.
- Es wird genau eine Alternative aus der Menge A gewählt.

Die Alternativen werden dabei durch verschiedene Eigenschaften charakterisiert. Diese können sowohl spezifisch für die Alternative (bspw. Reisezeit mit dem Fahrrad vs. Reisezeit mit dem Pkw) als auch unspezifisch für die Alternative (bspw. Eigenschaft der Person wie Besitz einer Zeitkarte für den öffentlichen Verkehr) sein. In den in *actiTopp* verwendeten Modellen werden nur Eigenschaften verwendet, die nicht spezifisch für einzelne Alternativen sind. Die Nutzenfunktion U für jede Alternative dient der formalen Beschreibung der Eigenschaften. Sie besteht aus einer Linearkombination der Einflussgrößen und jeweils zugehörigen Parametern $ß_{r,j}$ sowie einer alternativenspezifischen Konstante $ß_0$ (siehe Formel 4.1). Mit dieser Konstante können Effekte der Entscheidung abgebildet werden, die sich nicht über die verwendeten Einflussgrößen messen lassen. Eine der Alternativen wird bei ausschließlicher Verwendung von nicht alternativenspezifischen Parametern zudem als Referenzkategorie festgelegt, wodurch deren Nutzenwert U null beträgt. Die Nutzenwerte sind dadurch jeweils im Vergleich zu der Referenzkategorie zu interpretieren.

$$U_j = ß_{0,j} + ß_{1,j} * X_1 + ß_{2,j} * X_2 + \cdots + ß_{r,j} * X_r \qquad \forall\, j = 1, \dots, J \qquad (4.1)$$

mit

J : Anzahl aller Alternativen

R : Anzahl aller Einflussgrößen der Entscheidungssituation

$ß_{0,j}$: alternativenspezifische Konstante der Alternative j

$ß_{r,j}$: Parameter (Gewichte) der Einflussgröße r der Alternative j

X_r : Einflussgröße r der Entscheidungssituation

Discrete-Choice-Modelle unterscheiden sich vor allem in der Form der Aufteilungsfunktion. Die in *actiTopp* verwendete logistische Aufteilungsfunktion („Logit") zur Bestimmung der Auswahlwahrscheinlichkeit einer Alternative ist eine in der Praxis häufig eingesetzte Funktion. Diese wird durch die Funktion in Formel 4.2 beschrieben.

$$P_j = \frac{e^{U_j}}{\sum_{i=1}^{J} e^{U_i}} \qquad (4.2)$$

Zur Bestimmung der optimalen Modellparameter ß wird die Maximum-Likelihood-Methode verwendet. Sie besagt: „Bestimme die Schätzwerte für die unbekannten Parameter so, dass die realisierten Daten maximale Plausibilität (Likelihood) erlangen" (Backhaus et al. 2016). Dies wird durch Maximierung der Log-Likelihood-Funktion erreicht:

$$LL(ß) = \sum_{q=1}^{Q} \sum_{j=1}^{J} g_{j,q} * ln\left(P_{j,q}\right) \qquad (4.3)$$

mit

ß : Vektor aller Parameter aller Alternativen

Q : Anzahl der Beobachtungen

J : Anzahl der Alternativen

$P_{j,q}$: Wahrscheinlichkeit, dass Person q Alternative j wählt

$$g_{j,q} = \begin{cases} 1, & \text{falls Alternative j von Person q gewählt} \\ 0, & \text{sonst} \end{cases}$$

Detaillierte Informationen zu der Funktionsweise der Maximum-Likelihood-Methode kann Werken der Statistik entnommen werden (siehe bspw. Backhaus et al. 2016). Ergebnis der Methode sind Parameter $ß_{r,j}$ für jede Alternative j und jede Eigenschaft r sowie für jede Alternative die alternativenspezifische Konstante $ß_0$. Die statistische Güte der mit der Maximum-Likelihood-Methode geschätzten Modellparameter kann dabei mithilfe verschiedener Gütekriterien bestimmt werden. Ein häufig eingesetztes Kriterium ist McFaddens R^2 welches die Log-Likelihood-Werte in Beziehung setzt. Dabei werden verschiedene Log-Likelihood-Werte unterschieden, die in der Literatur nicht einheitlich bezeichnet werden. Es gelten nachfolgend:

LL_{full} : maximierter Log-Likelihood-Wert mit allen Einflussgrößen

$LL_{constants}$: maximierter Log-Likelihood-Wert unter ausschließlicher Verwendung der alternativenspezifischen Konstanten

LL_{null} : Log-Likelihood-Wert des komplett zufälligen Modells

Der Wert von LL_{null} kann dabei mithilfe der Formel 4.4 berechnet werden. Die beiden anderen Werte $LL_{constants}$ und LL_{full} sind Ergebnis der Durchführung der Maximum-Likelihood-Methode.

$$LL_{null} = Q * ln\left(\frac{1}{J}\right) \tag{4.4}$$

Das von McFadden entwickelte Maß setzt dabei die verschiedenen Likelihood-Werte gemäß den Formeln 4.5 und 4.6 in Beziehung. Es ist damit ein Maß zwischen 0 und 1 (je höher, desto besser) und gibt an, wie stark das Modell durch die Einbeziehung zusätzlicher Einflussgrößen hinsichtlich der

Gesamtwahrscheinlichkeit verbessert wird. Das Maß kann dabei auf den Likelihood-Wert des Nullmodells sowie auf den konstantenbasierten Likelihood-Wert bezogen werden. Ersteres berücksichtigt, dass auch die Einbeziehung der alternativenspezifischen Konstanten bereits eine Modellverbesserung bringen kann.

$$McF - R^2_{const} = 1 - \left(\frac{LL_{full}}{LL_{constants}}\right) \tag{4.5}$$

$$McF - R^2_{null} = 1 - \left(\frac{LL_{full}}{LL_{null}}\right) \tag{4.6}$$

Zur Simulation einer Einzelentscheidung im *actiTopp* Modell und der Auswahl einer Alternative in einem logistischen Regressionsschritt werden zunächst die Nutzenwerte und die Auswahlwahrscheinlichkeiten aller Alternativen der Entscheidung bestimmt. Dafür werden die mit der Maximum-Likelihood Methode geschätzten Modellparameter sowie die Eigenschaften der aktuell im Modell betrachteten Person bzw. des Modellkontexts genutzt. Anschließend erfolgt die Ziehung einer Zufallszahl im Intervall [0;1). Diese wird mit den Intervallen der kumulierten Auswahlwahrscheinlichkeiten der Alternativen verglichen. Es wird die Alternative gewählt, für die die Zufallszahl größer gleich der vorherigen Intervallgrenze und kleiner als die aktuelle Intervallgrenze ist. Bei einem Beispiel mit drei Alternativen, die jeweils eine Auswahlwahrscheinlichkeit von 33% haben, würde ein Zufallswert von 0,5 der Auswahl von Alternative 2 entsprechen, da diese Zahl über der ersten Intervallgrenze von 0,33 und unter der zweiten Intervallgrenze von 0,66 liegt.

4.3.2 Gewichtete Zufallszahlenziehung

Die im vorherigen Abschnitt beschriebenen logistischen Regressionen ermöglichen die Schätzung der Parameter für eine diskrete Menge an Alternativen. Mit wachsender Anzahl der Alternativen wird es für den Maximum-Likelihood-Ansatz schwieriger, ausreichende Differenzierungen in den Daten festzustellen und damit gute Schätzergebnisse zu liefern. Zur Modellierung einer größeren Anzahl an Alternativen, wie der Wahl der Dauer einer Aktivität in Minuten, wird der Ansatz der logistischen Regression in *actiTopp* mit gewichteten Zufallszahlziehungen kombiniert. *actiTopp* ist dabei so aufgebaut, dass Elemente, die Zeiten oder Dauern bestimmen, zweistufig modelliert werden.

Nachfolgend beschrieben ist die Modellierung der Dauer einer Aktivität. Zunächst werden die möglichen Werte zwischen 0 und 1440 Minuten (ein Tag) in Kategorien aufgeteilt. Im Beispielfall existieren 15 Kategorien (bspw. Kategorie 1: Dauer zwischen 1 und 14 Minuten). Die Größe der Kategorien kann variieren. Für die Kategorien werden mittels logistischer Regression Modellparameter geschätzt. Anhand dieser Parameter wird in der Simulation zunächst eine Kategorie bestimmt. Die gewählte Kategorie wird im zweiten Schritt durch das Prinzip der gewichteten Zufallszahlenziehung verfeinert. Für jede Kategorie werden dabei die Häufigkeiten der Einzelwerte, basierend auf den Daten der Modellschätzung (MOP 2004 bis 2013), als Basis für die Gewichte verwendet. Im Beispiel von Kategorie 1 für die Modellierung der Dauer der Aktivität ergibt sich die Häufigkeitsverteilung in Tabelle 4.2.

Tabelle 4.2: Beispieldarstellung Häufigkeitsverteilung für gewichtete Zufallszahlenziehung

Dauer [min]	Häufigkeit [Schätzdaten]	kumulierte relative Häufigkeit	Dauer [min]	Häufigkeit [Schätzdaten]	kumulierte relative Häufigkeit
1	2 655	0,22490	8	443	0,66387
2	538	0,27048	9	216	0,68217
3	479	0,31105	10	2 701	0,91097
4	339	0,33977	11	212	0,92893
5	2 674	0,56629	12	338	0,95756
6	277	0,58975	13	331	0,98560
7	432	0,62634	14	170	1,00000

In der Modellierung wird eine Zufallszahl im Intervall [0;1) gezogen. Diese wird mit den Intervallen der kumulierten relativen Häufigkeit der Verteilung verglichen. Es wird die Dauer für die Aktivität gewählt, für die die Zufallszahl größer gleich der vorherigen Intervallgrenze und kleiner als die aktuelle Intervallgrenze ist. Eine Zufallszahl von 0,25 würde im Beispiel einer Dauer von zwei Minuten entsprechen. Das beschriebene Verfahren ermöglicht es, Ergebnisse der logistischen Regressionen durch eine größere Detailgenauigkeit zu verfeinern.

4.3.3 Schätzung und Kalibrierung logistischer Regressionen

Ortúzar und Willumsen (2011) definieren die Begriffe Modellschätzung und Modellkalibrierung. Beide Konzepte verfolgen das Ziel der Identifizierung von Parameterwerten zur Optimierung der Modellgüte. Modellschätzung beschreibt die Identifizierung der Parameter vor allem anhand statistischer Tests der Modellspezifikation. Aufgrund statistischer Signifikanz kann über die Aufnahme von Parametern ins Modell entschieden werden. Modellkalibrierung bezeichnen Ortúzar und Willumsen ebenfalls als Optimierung von Gütekriterien, jedoch sind diese Kriterien eine Funktion der beobachteten Daten. Es geht dabei weniger um statistisch gesicherte Parameter als vielmehr um eine gute Replikation der erhobenen Daten mit dem Modell.
In *actiTopp* werden beide Konzepte eingesetzt. Für jede modellierte Entscheidung wurden in der Modellschätzung iterativ verschiedene Kombinationen von Einflussgrößen getestet. Dabei wurden jeweils die statistischen Signifikanzen der einzelnen Modellparameter, deren Beitrag zur Gesamtmodellgüte sowie die in Abschnitt 4.3.1 eingeführten McFadden-Indizes auf Basis der Log-Likelihood-Werte für das Gesamtmodell betrachtet. Die Signifikanz der Parameter wird über Chi-Quadrat-Hypothesentests isoliert für jeden der Parameter betrachtet. Parallel wurde auf die Sparsamkeit des Modells geachtet. Zusätzliche Modellparameter können zwar eine Verbesserung des Modells gemäß der McFadden-Indizes bringen. Jedoch wird das Modell dann immer spezifischer an die Stichprobe der Schätzung angepasst. Hierzu wurde das Akaike-Informationskriterium (AIC) gemäß Formel 4.7 betrachtet, dass die

zusätzliche Modellkomplexität durch weitere Parameter mit einem Term berücksichtigt und so den Vergleich von Modellen unterschiedlicher Parameterzahl ermöglicht.

$$AIC = -2 * LL_{full} + 2 * Zahl\ der\ Parameter \tag{4.7}$$

Neben der Betrachtung statistischer Kenngrößen wurde bei der Modellschätzung eine direkte Anwendung der ermittelten Parameter auf die Datenmenge der Schätzung durchgeführt. Durch diese direkte Anwendung wurde die modellierte Verteilung gegen die Erhebungsdaten geprüft, was nach der obigen Definition der Modellkalibrierung zuzuordnen ist. Auch auf Basis der Annäherung an die Verteilung wurden daher Modellspezifikationen bewertet.

Anhang C stellt die McFadden-Indizes für die jeweils beste gefundene Kombination an Einflussgrößen dar, die zur weiteren Anwendung des Modells benutzt wird. In *actiTopp* werden in insgesamt 30 Einzelentscheidungen logistische Regressionen angewendet. Die Einbeziehung der alternativenspezifischen Konstanten bringt vielfach bereits deutliche Modellverbesserungen, die durch die nullbasierten McFadden-Indizes der Modelle sichtbar werden. Dies zeigt, dass die Aufteilung der Alternativen stark von der Gleichverteilung, also dem kompletten Zufall, abweicht. Gleichzeitig umfassen die alternativenspezifischen Konstanten Einflussgrößen der Entscheidung, die nicht in Form von Modellparametern abgebildet werden können.

Weitere Informationen zu allen Regressionsparametern jedes einzelnen Modellschritts stehen auf dem Portal KITopen in einer aufbereiteten Version zum Download bereit (siehe Hilgert 2019). Alle Modellparameter finden sich zudem in den auf GitHub veröffentlichten Versionen von *actiTopp*.

4.3.4 Einfluss unterschiedlicher Variablen

Jede Einzelentscheidung von *actiTopp* basiert auf einer Kombination von verschiedenen Einflussgrößen, die in der Parameterschätzung bestimmt wird. Je nach Entscheidungsebene stehen unterschiedliche Variablen als Menge möglicher Einflussgrößen zur Verfügung. Tabelle 4.3 zeigt je Entscheidungsebene diejenigen Variablen, die in mindestens 50 % aller logistischen Regressionen

mit mindestens einer Ausprägung als signifikanter Modellparameter (auf 0,01 % Level) ermittelt wurden. Eine Ausprägung bedeutet in dem Zusammenhang, dass Variablen wie der Erwerbsstatus binär codiert mehrfach als Modellparameter auftreten können (bspw. Vollzeit-Erwerbstätig Ja/Nein oder Rentner(in) Ja/Nein). Es werden insgesamt 14 Entscheidungen auf Ebene der Personen, 3 auf der Ebene des Tags, 7 auf der Ebene der Tour und 6 auf der Ebene der Aktivität getroffen. Aufgrund der Modellierungsreihenfolge stehen allerdings nicht alle Variablen in allen Schritten zur Verfügung.
Es wird deutlich, dass vor allem die Variablen Erwerbsstatus der Person und der zu der Entscheidung zugehörige Wochentag einen großen Einfluss haben. Diese Erkenntnisse decken sich mit Ergebnissen der Literatur (siehe Kapitel 2) sowie eigenen empirischen Analysen (siehe Kapitel 3). Der Erwerbsstatus ist in allen Entscheidungen auf der Personen- und allen Entscheidungen auf der Tagesebene eine signifikante Einflussgröße. Auch für die anderen beiden Entscheidungsebenen ist der Erwerbsstatus in der Liste der Variablen enthalten. Des Weiteren haben das Alter der Person und die Anzahl der Aktivitäten im Wochenverlauf einen großen Einfluss auf Entscheidungen der Personenebene. Für Entscheidungen zu Touren sind zudem das Ende der vorhergehenden Tour sowie der Zeitpunkt der Tour relevant. Der Zeitpunkt beschreibt hier nicht die tatsächliche Startzeit, sondern die relative Position am Tag im Vergleich zu anderen Touren, bspw. die erste Tour des Tages oder die Tour nach der Haupttour. Für Entscheidungen zu Aktivitäten sind neben dem Tag vor allem der Zweck der Aktivität und Aspekte der Dauer relevant.

Tabelle 4.3: Häufigkeit von Variablen als Schätzparameter in Modellschritten

Variablenname	Häufigkeit	Variablenname	Häufigkeit
Entscheidungsebene Personen			
Erwerbsstatus	14 von 14	Alter	11 von 14
Anzahl Aktivitäten [Woche]	5 von 6		
Entscheidungsebene Tage			
Erwerbsstatus	3 von 3	Anzahl Touren [vor Haupttour]	1 von 1
Wochentag	3 von 3	mittlere Anzahl Touren	2 von 3
Anzahl Touren [Tag zuvor]	2 von 2	Pendelentfernung	2 von 3
Zweck [Haupttour]	2 von 2	Alter	2 von 3
Entscheidungsebene Touren			
Ende [vorherige Tour]	2 von 2	Erwerbsstatus	4 von 7
Zeitpunkt [Tour]	6 von 7	Dauer [Aktivitäten/Tag]	2 von 4
Wochentag	6 von 7	Dauer [Aktivitäten/Tour]	2 von 4
Zweck [Tour]	5 von 6	Startzeit [Tour1/Tag]	1 von 2
Anzahl Touren [Tag]	4 von 7		

Variablenname	Häufigkeit	Variablenname	Häufigkeit
Entscheidungsebene Aktivitäten			
Wochentag	6 von 6	Erwerbsstatus	4 von 6
Zweck [Aktivität]	5 von 5	Anzahl Touren [Tag]	4 von 6
Dauer [Hauptaktivität/Tag]	1 von 1	Zeitpunkt [Tour]	4 von 6
Dauer [Aktivität]	1 von 1	Anzahl Aktivitäten [Tag]	4 von 6
Startzeit [Aktivität]	1 von 1	mittlere Zeit [Aktivität]	4 von 6

4.4 Modellierung von Stabilität

Ziel von *actiTopp* ist die Erzeugung von Wochenaktivitätenplänen. Diese sollen den in der Realität durchgeführten Plänen möglichst gut entsprechen. Besonderheit ist die Abbildung einer Woche. Ohne Koordinierung sind die Aktivitätenpläne zwischen den einzelnen Wochentagen in *actiTopp* weitgehend voneinander unabhängig. Mit dem Verfahren logistischer Regressionen sind mehrere Entscheidungen der gleichen Person zunächst nicht voneinander abhängig. Die Entscheidung über den Startzeitpunkt einer Tour wird für jeden Tag neu getroffen, ohne die vorherigen Ergebnisse zu kennen. Damit kann insgesamt zwar die Verteilung aller Startzeiten abgebildet werden, intrapersonelle Effekte bleiben jedoch unberücksichtigt. Stabilität, wie in Kapitel 3 untersucht, zeigt sich jedoch in verschiedenen Aspekten und lässt sich auf verschiedene Arten messen. In *actiTopp* werden zur Abbildung von Stabilität in verschiedenen Modellschritten zusätzliche Parameter in die Nutzenfunktionen der logistischen Regressionen integriert. Diese Parameter enthalten Ergebnisse gleicher (Möglichkeit 1) oder vorangegangener Modellschritte

(Möglichkeit 2). Ähnliche Prinzipien werden auch von Mallig (2019) zur Abbildung von Stabilität der Verkehrsmittelwahl als geeignetes Mittel identifiziert. Möglichkeit 1 beschreibt Modellparameter, die Informationen zeitlich früherer Ergebnisse des gleichen Modellschritts in die Nutzenfunktionen späterer Entscheidungen integrieren. Modellschritt 3 bestimmt bspw. die Anzahl an Touren vor und nach der Haupttour des Tages. Dies erfolgt sequenziell für alle Tage. Die Nutzenfunktionen der beiden Teile A und B enthält dabei jeweils binär codierte Parameter, die beschreiben, ob die Person am Vortag 0 oder 1 Tour(en) vor- bzw. nach der Haupttour durchgeführt hat. Beide Parameter haben einen signifikanten Einfluss auf die Anzahl der Touren vor oder nach der Haupttour des aktuellen Tages. Bei dieser Methodik ergibt sich das Problem des Anfangszustands. Für den ersten Tag ist der Wert des Vortags für die Variablen nicht bekannt. In der Schätzung und der Modellierung werden daher an Tag 1 beide Binär-Parameter auf 0 gesetzt. In der Anwendung haben sie daher an Tag 1 keinen Einfluss auf die Nutzenfunktion. Für die Schätzung wurde die Möglichkeit geprüft, beide Modellschritte nur mit Daten ab Tag 2 zu schätzen. Hierbei konnte jedoch keine Modellverbesserung ermittelt werden. Generell wurde durch diese Problematik jedoch versucht, Modellparameter der gleichen Stufe zu vermeiden und stattdessen die nachfolgend beschriebene Präferenzmodellierung zu nutzen. Modellparameter der gleichen Stufe werden daher nur in Schritt 3 verwendet.

Zusätzliche Parameter vorangegangener Modellschritte (Möglichkeit 2) können als individuelle Präferenzen der Personen interpretiert werden. Diese Präferenzen werden in *actiTopp* auf Personenebene modelliert und stehen dann in späteren Modellschritten zur Verfügung. Alle Modellentscheidungen, die in *actiTopp* auf Personenebene durchgeführt werden, entsprechen dieser Präferenzmodellierung und dienen ausschließlich der Beeinflussung anderer Modellschritte. Die nachfolgenden Abschnitte beschreiben die Teile des Modells, die derartige Methoden zur Abbildung von Stabilität nutzen. In zwei Fällen (siehe Abschnitte 4.4.3 und 4.4.4) ist die Integration von zusätzlichen Parametern in die Nutzenfunktionen nicht ausreichend, sodass zusätzliche, regelbasierte Modellbeeinflussungen vorgenommen werden.

4.4.1 Aktivitäten und Tourenanzahl

Abbildung 4.6: actiTopp – Modellschritt 1

Abbildung 4.6 gibt einen Überblick über die Einzelentscheidungen des ersten Modellschritts „Persönliche Präferenzen zur Abbildung von Stabilitätsaspekten". Schritt 1K und 1L bestimmen die mittlere geplante Anzahl an Touren und Aktivitäten pro Tag. Auch hierbei handelt es sich um Präferenzen auf Basis persönlicher Eigenschaften. In beide Modellschritte gehen unter anderem der Erwerbsstatus, das Alter, der Raumtyp und die Pendelentfernung zum Arbeits- oder Ausbildungsort ein. Die modellierten Informationen werden in Schritt 3 zur Bestimmung der Anzahl an Touren sowie Schritt 5 zur Bestimmung der Anzahl an Aktivitäten als Modellparameter verwendet. Die Notwendigkeit ergibt sich aus der in der Empirie ermittelten Stabilität hinsichtlich der Unterschiede im Verlauf der Woche (siehe Abschnitt 3.4.2). Durch die zusätzlichen Teile 1K und 1L kann diese besser gewährleistet werden. Gleichzeitig kann die Verteilung der Anzahl an Aktivitäten pro Woche und Person besser dargestellt werden. Ohne die zusätzlichen Parameter war die Varianz dieser Verteilung zu niedrig und zu viele Werte gruppierten sich um den Mittelwert. Durch die zusätzlichen Parameter können auch die Ränder der Verteilung (Personen mit sehr wenigen und Personen mit sehr vielen Touren/Aktivitäten pro Woche) besser abgebildet werden.

4.4.2 Aktivitätenhäufigkeiten verschiedener Zwecke

Die Ergebnisse der Schritte 1A bis 1F (siehe Abbildung 4.6) entsprechen nicht den tatsächlich realisierten Tagen mit Aktivitäten zu den Zwecken. Sie sind als „gewünschte" Anzahl zu verstehen und sind abhängig von persönlichen Eigenschaften. Erwerbstätige haben häufiger fünf Arbeitstage als andere Alternativen. Die so modellierten Präferenzen werden als Modellparameter in den Schritten 2, 4 und 6 verwendet. Diese bestimmen die Zwecke der Aktivitäten und damit die tatsächlich realisierte Anzahl an Tagen. Die zusätzlichen Informationen aus Schritt 1 sind notwendig, um die empirisch beobachtbaren Unterschiede der Aktivitätenhäufigkeiten verschiedener Zwecke abbilden zu können. Die Implementierung sorgt bspw. dafür, dass Erwerbstätige am häufigsten an fünf Tagen in der Woche Arbeitsaktivitäten durchführen. Ohne die modellierten Präferenzen gelingt es zwar auch, die Zweckverteilung der Aktivitäten über alle Personen gut abzubilden. Jedoch werden intrapersonelle Effekte der Aktivitätenhäufigkeiten wie sie in Abschnitt 3.4.3 beschrieben werden damit vernachlässigt und ungenügend abgebildet.

4.4.3 Dauer für Aktivitäten

Ein weiteres Beispiel der Stabilität ist die tägliche Dauer für Aktivitäten. Diese wird im Modell durch Modellschritt 8 abgebildet. Bereits empirisch (siehe Abschnitt 3.4.4) wurde mithilfe des Variationskoeffizienten gezeigt, dass die

Stabilität insbesondere für die Zwecke Arbeiten und Bildung sehr hoch ist. Angenommen, eine Person geht in der Woche an fünf Tagen arbeiten, wird sie die tägliche Arbeitsdauer meistens mehr oder weniger gleichmäßig auf diese fünf Tage aufteilen, bspw. täglich circa acht Stunden. Abbildung 4.7 zeigt die Verteilung der Variationskoeffizienten täglicher Arbeitszeiten, analog zu Abbildung 3.12 in Abschnitt 3.4.4, jetzt für den Validierungsdatensatz des MOP 2014 bis 2015. Es werden in Abbildung 4.7 nur Aktivitäten mit dem Zweck Arbeiten betrachtet.

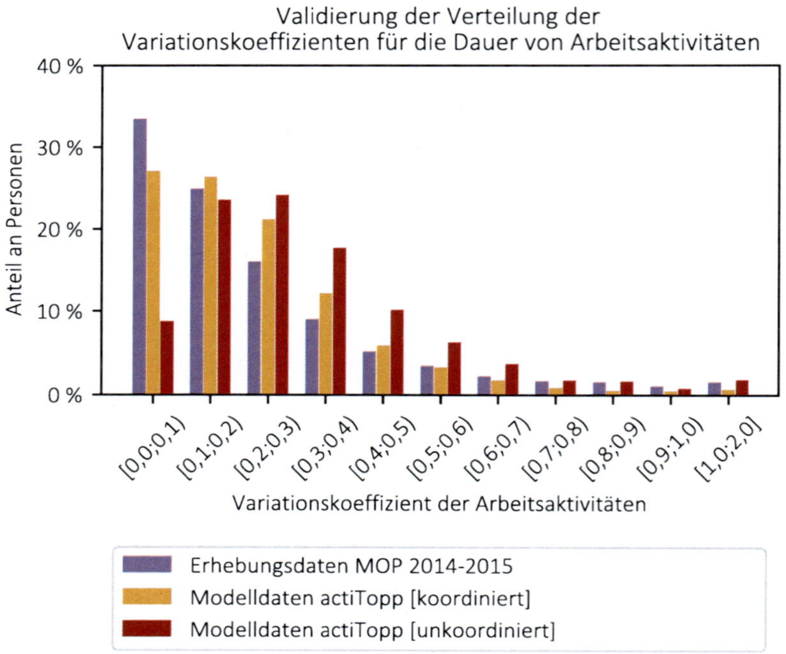

Abbildung 4.7: Validierung der Verteilung der Variationskoeffizienten für die Dauer von Arbeitsaktivitäten

Für die Modellierung werden zwei Balken unterschieden. Im unkoordinierten Zustand (rot), ohne die nachfolgend beschriebenen Aspekte, ist die Stabilität nur ungenügend abgebildet und die Variationskoeffizienten der Personen sind im Mittel zu hoch. Mit der zusätzlichen Koordinierung (orange) gelingt eine deutlich bessere Anpassung an die Variationskoeffizienten der Erhebungsdaten. Die Modellierung der Dauer von Aktivitäten in Modellschritt 8 besteht aus verschiedenen Einzelentscheidungen (siehe Abbildung 4.8). Die blau markierten Schritte 8C, 8E und 8K nutzen die Methodik der gewichteten Zufallszahlenziehung zur minutengenauen Modellierung der Dauer.

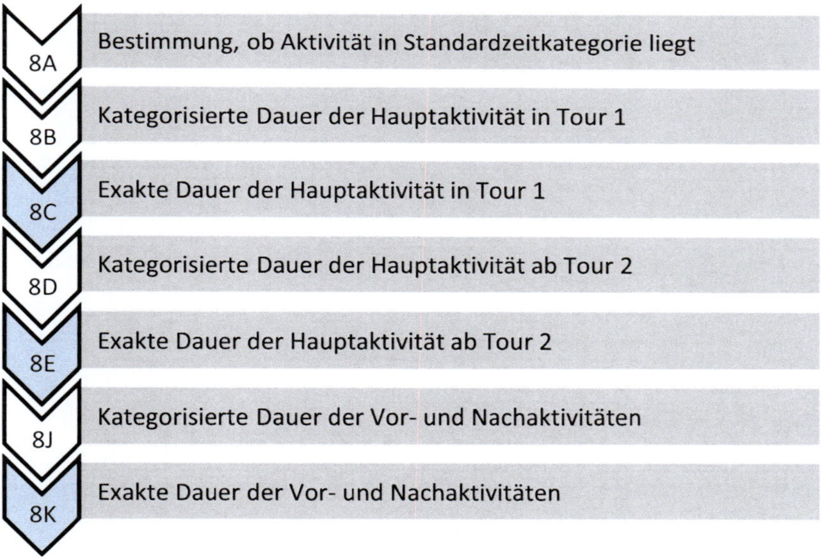

Abbildung 4.8: actiTopp – Modellschritt 8

Die Schritte 8A bis 8E bestimmen die Dauer der Hauptaktivität von Touren und die Schritte 8J und 8K entscheiden über die Dauern der vor- und nachgelagerten Aktivitäten. Für die Modellierung werden Ergebnisse vorheriger Modellschritte verwendet. Ähnlich wie in Schritt 1 für die Anzahl an Tagen bestimmt Schritt 7 Wochenzeitbudgets für die verschiedenen Zwecke von

Aktivitäten. Die so ermittelten Wochenzeitbudgets fließen als Modellparameter in die Nutzenfunktionen der Entscheidungen in Schritt 8 ein. Des Weiteren dienen die Wochenzeitbudgets zur Bestimmung der mittleren Dauer jeder Aktivität. Diese definiert sich wie folgt:

$$mittlere\ Dauer_i = \left(\frac{WTB_{p(i)}}{AOD_{p(i)}} * \frac{1}{AOA_{p(i),d(i)}}\right) \tag{4.8}$$

mit

i : Index der Aktivität

$d(i)$: Tag von Aktivität i

$p(i)$: Zweck von Aktivität i

$WTB_{p(i)}$: Wochenzeitbudget für Zweck $p(i)$ [min]

$AOD_{p(i)}$: Anzahl an Tagen mit Aktivitäten mit Zweck $p(i)$

$AOA_{p(i),d(i)}$: Anzahl an Aktivitäten mit Zweck $p(i)$ an Tag $\mathrm{d}(i)$

Für eine erwerbstätige Person mit einem Arbeitszeitbudget von 40 Stunden (2400 Minuten) an fünf Tagen und zwei Arbeitsaktivitäten am betrachteten Tag, ergibt sich die mittlere Dauer für einer Arbeitsaktivität an diesem Tag als:

$$mittlere\ Dauer_1 = \left(\frac{2400\ min}{5} * \frac{1}{2}\right) = 240\ min \tag{4.9}$$

Neben dem Wochenzeitbudget selbst fließt auch die mittlere Dauer als Modellparameter in die Nutzenfunktionen der logistischen Regressionen ein. Dazu wird die mittlere Dauer in die gleichen Zeitkategorien eingeteilt wie sie auch als Alternativen der Regressionen in Schritt 8B und 8D verwendet werden. Die Dauerkategorie wird dann in Form von binär codierten Werten ins Modell aufgenommen. Diese Binärvariablen wirken vereinfacht gesagt als Nutzenbonus jeweils der Zeitkategorie, die der mittleren Zeit entspricht. Bei der Modellschätzung konnte für Schritt 8B die Signifikanz für sieben und in Schritt 8D die Signifikanz für sechs Zeitkategorien ermittelt werden.

Die beschriebene Aufnahme der Modellparameter der mittleren Zeit wird für alle Zwecke von Aktivitäten durchgeführt. Für die Zwecke Arbeiten und Bildung genügt dies jedoch noch nicht zur Abbildung der Stabilität. Für diese

Zwecke sind die Variationskoeffizienten nochmals bedeutend kleiner, das heißt die tägliche Dauer variiert noch viel weniger.
Aus diesem Grund wird für Aktivitäten dieser Zwecke eine regelbasierte Modellbeeinflussung vorgenommen, die sich von den bisherigen Aspekten unterscheidet. Schritt 8A bestimmt für derartige Aktivitäten in einer binären logistischen Regression zunächst, ob die Aktivität in der Zeitkategorie der mittleren Aktivität oder einer ihrer Nachbarkategorien liegt. Bei einem positiven Ergebnis werden die Alternativen in Schritt 8B und 8D (Bestimmung der Kategorie der Dauer für Hauptaktivitäten) auf die Zeitkategorie der mittleren Dauer sowie der beiden benachbarten Kategorien eingeschränkt. Zusätzlich erhält die mittlere Zeitkategorie in diesen Fällen einen Nutzenbonus von 10 %. Die Schritte 8C und 8E bestimmen anschließend über eine gewichtete Zufallszahlenziehung die minutengenaue Dauer. Der gewählte Wert erhält ebenfalls einen Bonus, der die Auswahl der gleichen Dauer bei einer weiteren Aktivität gleichen Zwecks in der Zeitkategorie erhöht.
Abbildung 4.9 illustriert beispielhaft die Bestimmung der Dauer der Hauptaktivität der ersten Tour eines Tages (Schritte 8A bis 8C). Schritt 8A bestimmt zunächst mithilfe des binären Logitmodells, ob die zu modellierende Dauer der Aktivität in der Zeitkategorie der mittleren Dauer (im Beispiel Kategorie 7) oder den beiden angrenzenden Zeitkategorien liegt (6 und 8). Das Ergebnis dieses Schritts beeinflusst die zur Verfügung stehenden Auswahlalternativen in Schritt 8B. Bei positivem Ergebnis in Schritt 8A stehen danach nur drei Zeitkategorien zur Verfügung (im Beispielfall dann entsprechend die Zeitkategorien 6 bis 8). Zusätzlich erhält die Zeitkategorie der mittleren Dauer einen Nutzenbonus von 10 %. In Schritt 8C wird anschließend unter Nutzung der Häufigkeitsverteilung der Aktivitäten innerhalb der gewählten Zeitkategorie über eine Zufallszahl die minutengenaue Dauer bestimmt.

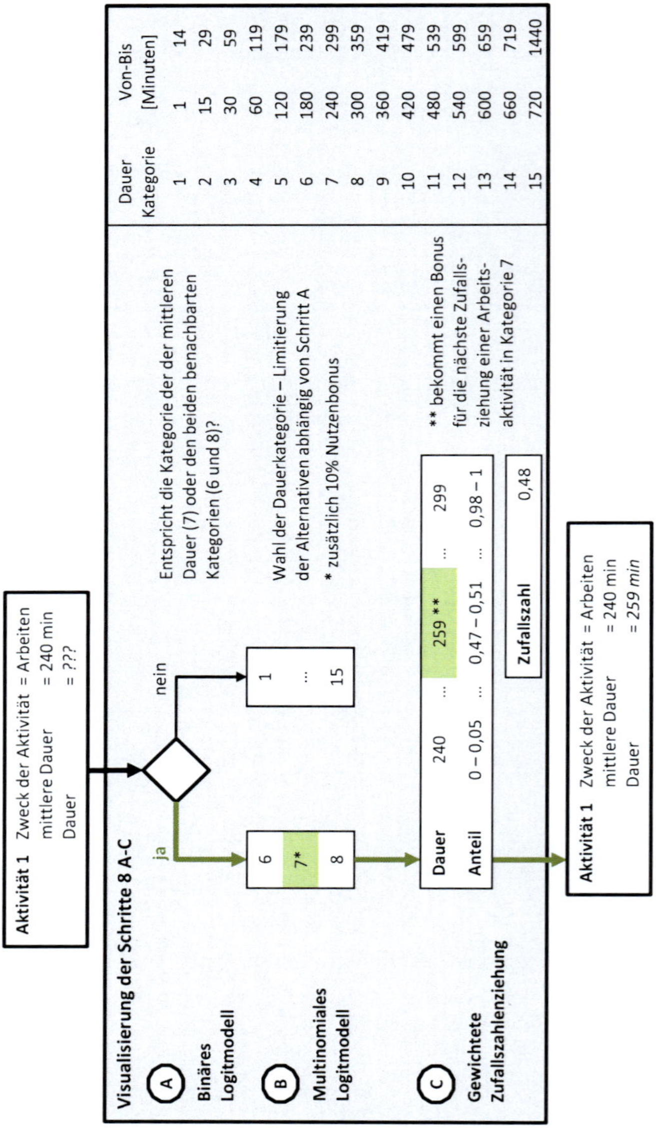

Abbildung 4.9: Beschreibung der Modellschritte 8A bis 8C – Modellierung der Dauer von Hauptaktivitäten

4.4.4 Tourstartzeiten

Aus der empirischen Analyse ergibt sich für Startzeiten von Arbeits- und Bildungstouren eine hohe Stabilität für die erste Tour des Tages. Gerade für Bildungstouren ist das bei einem täglich gleichen Schulzeitbeginn zu erwarten und auch viele Erwerbstätige beginnen ihre Arbeit an verschiedenen Tagen meist zur gleichen Zeit. In *actiTopp* bestimmt Modellschritt 9 für Erwerbstätige sowie für Schüler(innen)/Studierende/Auszubildende eine präferierte Startzeit für die jeweils erste Tour des Tages. Diese kann als Präferenz im Sinne der „gewöhnlichen" Zeit angesehen werden. Abbildung 4.10 stellt die Einzelentscheidungen der Modellschritte 9 und 10 zur Modellierung von Startzeiten dar. Die blau markierten Schritte 10N, 10P und 10T nutzen die gewichteten Zufallszahlenziehungen zur minutengenauen Modellierung.

Abbildung 4.10: actiTopp – Modellschritte 9 und 10

Die für jede Person mit Arbeits- oder Bildungstouren bestimmte Präferenz der Startzeitkategorie (Schritt 9A) wird in Schritt 10 zur Bestimmung der Startzeit verwendet. Schritt 10A bestimmt in einer binären logistischen Regression, ob die aktuelle Tour (nur für Arbeits- und Bildungstouren) innerhalb des präferierten Zeitraums (Ergebnis von Schritt 9) startet oder nicht. Falls ja, wird keine weitere Entscheidung durchgeführt und die Startzeitkategorie gewählt. Falls nicht, wird Schritt 10M zur Bestimmung der Startzeitkategorie durchgeführt. Für alle anderen Touren wird direkt Schritt 10M durchgeführt. Schritt 10N bestimmt anschließend die minutengenaue Startzeit innerhalb der Kategorie. Analog zum Vorgehen aus Schritt 8 werden bereits gewählte Werte mit einem Bonus belegt, sodass sich die Auswahlwahrscheinlichkeit bei weiteren Touren (d. h. an den Folgetagen der Simulation) erhöht.

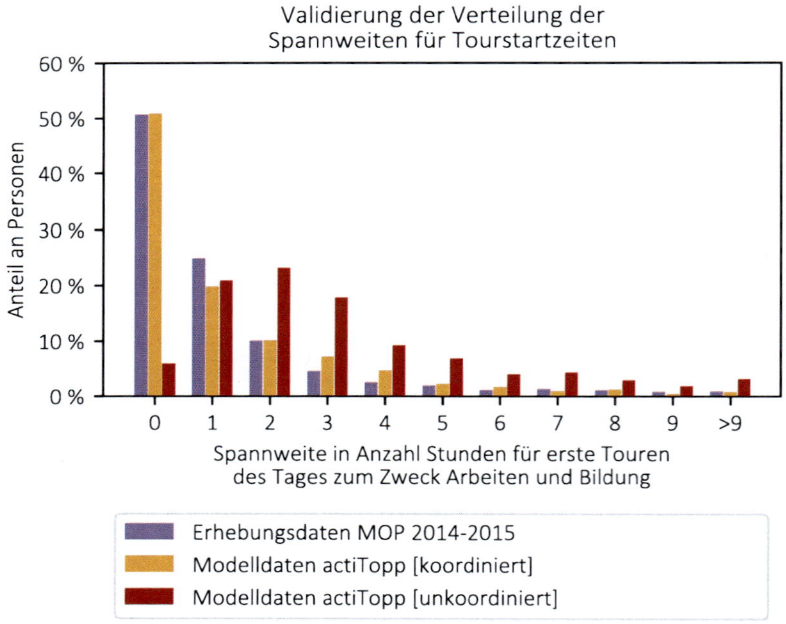

Abbildung 4.11: Validierung der Verteilung der Spannweiten für Tourstartzeiten

Abbildung 4.11 zeigt die durch die Koordinierung erreichte Modellverbesserung bei der Abbildung von Stabilität für den Validierungsdatensatz des MOP. Im Unterschied zum unkoordinierten Fall kann die Verteilung der Spannweiten wesentlich genauer getroffen werden.

4.5 Modellierung gemeinsamer Wege und Aktivitäten

Die Untersuchung der in der Literatur beschriebenen Modellansätze hat keine klare „Best-Practice"-Methode zur Abbildung gemeinsamer Wege und Aktivitäten aufgezeigt. Durch den Wochenkontext ergibt sich zudem eine erschwerte Übertragbarkeit der Ansätze von Tagesmodellen. Für die Modellierung gemeinsamer Aktivitäten wird in *actiTopp* ein sequenzieller Ansatz verwendet, der Haushaltsmitglieder nacheinander modelliert und gemeinsame Aktivitäten in den Wochenplänen noch nicht modellierter Haushaltsmitglieder vorbelegt. Nachfolgend sind die mit der Abbildung gemeinsamer Wege und Aktivitäten verbundenen Modellteile sowie die Limitierungen, die sich aus dem entwickelten Ansatz ergeben, beschrieben.

4.5.1 Beteiligte Modellschritte

Die Entscheidung über die gemeinsame Durchführung von Wegen und Aktivitäten findet auf Ebene der Aktivitäten als letzter Schritt (11) des Gesamtmodells statt. Für jede Aktivität existieren vier Entscheidungsalternativen:

- Die Aktivität und der Weg zum Start der Aktivität werden gemeinsam durchgeführt.
- Nur die Aktivität wird gemeinsam durchgeführt.
- Nur der Weg zum Start der Aktivität wird gemeinsam durchgeführt.
- Es finden keine gemeinsamen Elemente statt.

Für die Modellschätzung wurde zur Ermittlung der Alternativen die in Abschnitt 3.5.1 dargestellte Methodik verwendet. Schritt 11 des Modells bestimmt für Aktivitäten eine dieser Alternativen. Falls gemeinsame Aktionen vorliegen, werden weitere Schritte in der Modellierung durchgeführt (siehe nachfolgender Abschnitt). Neben dem Entscheidungsmodell für jede einzelne Aktivität bestimmt eine lineare Regression den aus der Empirie für diese Person vermuteten Anteil an gemeinsamen Aktivitäten im Wochenverlauf, basierend ausschließlich auf persönlichen Eigenschaften wie Erwerbsstatus und Alter. Der ermittelte Wert dient einzig der Festlegung der Modellierungsreihenfolge innerhalb des Haushalts und wird daneben nicht weiterverwendet. Je höher der vermutete Anteil an gemeinsamen Aktivitäten, desto früher wird die Person in der Reihenfolge der Haushaltsmitglieder modelliert.

4.5.2 Sequenzielle Modellierung eines Haushalts

Durch die Integration gemeinsamer Wege und Aktivitäten sind Aktivitätenpläne einzelner Personen nicht unabhängig voneinander. Der für *actiTopp* gewählte sequenzielle Ansatz zur Erstellung der Aktivitätenpläne der Personen erfordert die Festlegung einer Modellierungsreihenfolge innerhalb des Haushalts. Diese wird durch die oben beschriebene lineare Regression bestimmt. Die Person mit den meisten gemeinsamen Aktivitäten (gemäß der Regression) wird als erstes modelliert. Der Modellablauf für Person 1 erfolgt wie im Verlauf des Kapitels (siehe Abbildung 4.5) beschrieben. Schritt 11 bestimmt, welche der Aktivitäten bzw. Wege zu den Aktivitäten gemeinsam durchgeführt werden. Für jedes gemeinsame Element wird anschließend bestimmt, wie viele Personen aus dem Haushalt daran teilnehmen. Die Wahrscheinlichkeiten dafür wurden empirisch auf Basis der Daten des MOP für jede Haushaltsgröße ermittelt. Die teilnehmenden Haushaltsmitglieder werden danach zufällig aus der Liste der noch nicht modellierten Haushaltsmitglieder bestimmt. Für alle teilnehmenden Personen wird die Aktivität in den, zu dem Zeitpunkt für die anderen Personen noch leeren, Wochenplan aufgenommen. Der Modellablauf für weitere Personen erfolgt unter Berücksichtigung der bereits geplanten gemeinsamen Aktivitäten. Diese erzeugen Nebenbedingungen für die Modellschritte in Form einer Mindestanzahl an Touren und Aktivitäten, die an dem Tag durchgeführt werden müssen. Da gemeinsame Aktionen bei mehreren Haushaltsmitgliedern in unterschiedlichen Touren liegen können, erfolgt die Durchführung der Modellschritte 1 bis 6 (Erstellung des gesamten Aktivitätenplans ohne Dauern und Startzeiten) nur unter Einhaltung der Nebenbedingungen zu Mindesttour- und Aktivitätenanzahl. Vor der weiteren Modelldurchführung werden alle zuvor von anderen Personen für die aktuelle Person geplanten Aktionen iteriert und regelbasiert im Aktivitätenplan als Ersatz einer geplanten Aktivität platziert. Anschließend erfolgt die Bestimmung der Dauern und Startzeiten für alle noch nicht festgelegten Aktivitäten und Touren. Schritt 11 bestimmt abschließend weitere gemeinsame Aktivitäten der Person. Hierbei werden nur Aktivitäten berücksichtigt, die die Person selbst „erzeugt" hat, und die nicht durch die gemeinsame Planung anderer, zuvor modellierter Haushaltsmitglieder, in ihrem Plan enthalten sind. Für diese weiteren gemeinsamen Aktivitäten stehen nur alle noch nicht modellierten Haushaltsmitglieder zur Verfügung. Zusätzlich wird geprüft, ob die Aktivität mit anderen Personen durchgeführt werden kann. Beispiel eines 3-Personen-Haushalts: Person 1 hat bspw. mit Person 3 eine Aktivität um 9.00 Uhr geplant. Person 2 führt nun zu der Zeit auch eine Aktivität durch, die ebenfalls gemeinsam durchgeführt werden soll. Da nur Person 3 noch nicht modelliert ist, ist sie der einzig mögliche Partner. Aufgrund der gemeinsamen Aktivität mit Person 1 ist dies jedoch nicht möglich. In derartigen Fällen wird die gemeinsame Aktivität für die Konfliktperson verworfen.

Abbildung 4.12 stellt beispielhafte Aktivitätenpläne für einen 3-Personen-Haushalt dar. Die Haushaltsmitglieder werden in der Reihenfolge 1,2,3 modelliert. Person 1 hat gemeinsame Aktivitäten sowohl mit Person 2 und Person 3 als auch mit beiden gleichzeitig. Person 2 hat anschließend bereits Aktivitäten von Person 1 in ihrem Plan vorbelegt (gelb markiert). Sie kann weitere Aktivitäten mit Person 3 durchführen (hellgrün markiert). Person 3 hat sowohl von Person 1 vorbelegte (gelb markiert) wie auch von Person 2 vorbelegte (hellgrün markiert) Aktivitäten und Wege. Sie kann selbst keine weiteren gemeinsamen Wege/Aktivitäten durchführen, da dafür keine weitere noch nicht modellierte Person im Haushalt zur Verfügung steht.

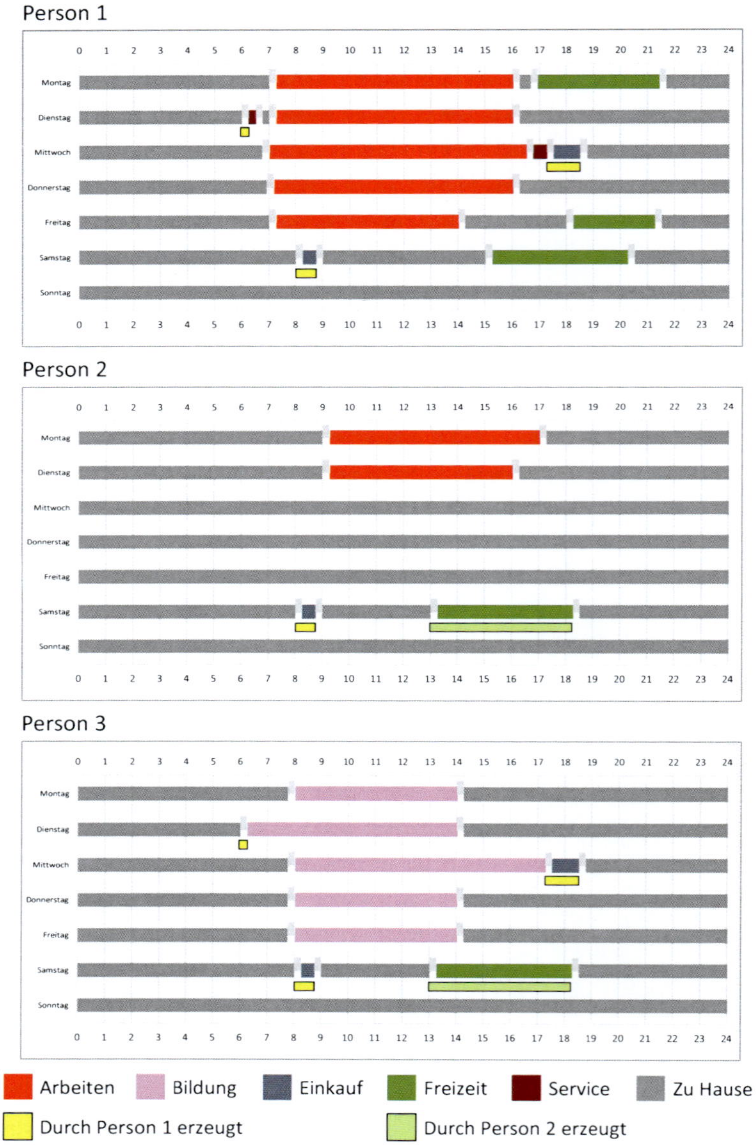

Abbildung 4.12: Beispieldarstellung Modellierung gemeinsamer Wege und Aktivitäten

4.5.3 Validierung und Limitierung des Ansatzes

Tabelle 4.4 stellt die Häufigkeiten gemeinsamer Wege und Aktivitäten für den Validierungsdatensatz des MOP 2014 bis 2015 dar.

Tabelle 4.4: Häufigkeiten gemeinsamer Wege und Aktivitäten / Erhebung und Modell

Eigenschaft	Erhebungsdaten MOP 2014 bis 2015		Modelldaten	
	Häufigkeit	Anteil	Häufigkeit	Anteil
Wege				
Gemeinsam	8 610	21,51 %	6 664	16,18 %
Nicht gemeinsam	31 421	78,49 %	34 518	83,82 %
Aktivitäten				
Gemeinsam	6 096	14,11 %	4 344	10,14 %
Nicht gemeinsam	37 111	85,89 %	38 496	89,86 %

Insgesamt können in der Modellierung nur weniger gemeinsame Aktivitäten und Wege als im MOP ermittelt bzw. erzeugt werden. Die Abweichungen zeigen zugleich die Grenzen des Ansatzes auf. Bisher ist es nicht möglich, jede Aktivität, die als gemeinsam gekennzeichnet wird, in die Pläne anderer Haushaltsmitglieder zu übernehmen. Die Regeln zur Platzierung der Aktivitäten müssen verbessert werden, um Konflikte durch sich überlappende gemeinsame Aktivitäten verschiedener Haushaltsmitglieder zu beheben und zu minimieren. Des Weiteren muss die Auswahl der Personen, die gemeinsam Aktivitäten und Wege durchführen, verbessert werden. Hier kann ein kontextsensitiver Ansatz zu Verbesserungen führen, der die möglichen Personenkombinationen berücksichtigt. So könnte gewichtet werden, wie wahrscheinlich die aktuelle gemeinsame Aktivität als Kombination von einem

Erwachsenen und einem Kind im Haushalt oder von zwei Erwachsenen durchgeführt wird. Diese Auswahl findet aktuell zufallsbasiert statt. Die Datenbasis zur Quantifizierung gemeinsamer Wege und Aktivitäten sollte ebenfalls verbessert werden. Die für die Daten des MOP entwickelte Methodik zur Identifizierung ermittelt nur eine untere Grenze gemeinsamer Wege und Aktivitäten (siehe Abschnitt 3.5.1). Die Abbildung von gemeinsamen Wegen und Aktivitäten in der gesamten Kette der Verkehrsnachfragemodellierung hängt zudem davon ab, diese auch in die anderen Bereiche wie Ziel- und Verkehrsmittelwahl implementieren zu können. Die durch *actiTopp* zur Verfügung gestellten Informationen müssen zur Auswahl gleicher Ziele und Verkehrsmittel genutzt werden, um eine konsistente Modellierung sicherzustellen.

4.6 Modellvalidierung

Ortúzar und Willumsen (2011) bezeichnen die Validierung als Vergleich der Modellergebnisse mit Daten, die zuvor nicht zur Modellerstellung benutzt wurden. Für die Modellvalidierung von *actiTopp* wurde eine Programmierung in Excel/VBA entwickelt, die die in SAS aufbereiten Modelldaten analysiert. Sie besteht zum einen aus Validierungsmöglichkeiten der einzelnen Modellschritte. Diese dienen vor allem der Prüfung der Verteilungen aller Alternativen in Erhebungs- und Modelldaten, sodass einzelne Modellschritte isoliert validiert werden können. Zum anderen stellt die Validierung Kennwerte und Verteilungen bereit, um die resultierenden Ergebnisse aller Modellschritte bewerten zu können. Schlussfolgerungen aus der Literatur sowie den eigenen empirischen Analysen haben gezeigt, dass Wochenaktivitätenpläne aufgrund der zusammenwirkenden Einzelentscheidungen durch verschiedene Charakteristika beschrieben werden können und müssen.

Neben den Ergebnissen der Modellschritte können auf den verschiedenen Untersuchungsebenen Mittelwerte, Varianzen, Verteilungen und weitere Analysen für nahezu beliebige Aspekte betrachtet werden. Tabelle 4.5 stellt beispielhaft einige der auswertbaren Aspekte für die einzelnen Ebenen dar.

Tabelle 4.5: Validierungsmöglichkeiten

Validierung erzeugter Aktivitäten
• Anzahl Aktivitäten an Wochentagen, je Zweck • Dauern nach Zweck, nach Wochentag • Start- und Endzeiten als Tagesganglinie, als Wochenganglinie
Validierung erzeugter Touren

• Anzahl Touren an Wochentagen, je Zweck
• Tourdauern nach Zweck, nach Wochentag
• Anzahl Aktivitäten je Tour
• Sequenzanalysen von Touren
    ○ Eindimensional, bspw. nur Zwecke
    ○ Mehrdimensional, bspw. Zwecke und Dauer
• Start- und Endzeiten als Tagesganglinie, als Wochenganglinie

Validierung resultierender Tagesaktivitätenpläne

• Anzahl Aktivitäten je Person und Tag, differenziert nach Zweck
• Anzahl Touren je Person und Tag, differenziert nach Zweck
• Dauer für Aktivitäten je Person und Tag, differenziert nach Zweck
• Sequenzanalysen von Tagesaktivitätenplänen
    ○ Eindimensional, bspw. nur Zwecke
    ○ Mehrdimensional, bspw. Zwecke und Dauer

Validierung resultierender Wochenaktivitätenpläne

• Anzahl Aktivitäten je Person, differenziert nach Zweck
• Anzahl Touren je Person, differenziert nach Zweck
• Dauer für Aktivitäten je Person, differenziert nach Zweck
• Sequenzanalysen von Wochenaktivitätenplänen
  ○ Eindimensional, bspw. nur Zwecke
  ○ Mehrdimensional, bspw. Zwecke und Dauer
• Stabilitätskennzahlen

Nachfolgend werden exemplarisch einige der wichtigsten Validierungen beschrieben. Sie orientieren sich unter anderem an Kennzahlen, wie sie für die Beschreibung von Verkehrsverhalten auch in anderen Studien genutzt werden (siehe bspw. Eisenmann et al. 2018). Für *actiTopp* werden diese auf Aktivitäten bezogen. Statt des Verkehrsaufkommens für Wege werden die Aktivitäten pro Tag betrachtet und statt der Mobilitätszeit die Dauer der durchgeführten Aktivitäten. Für die Validierung von *actiTopp* werden die Erhebungsdaten des MOP der Jahrgänge 2014 bis 2015 genutzt (siehe Abbildung 4.2). Die Personen werden als Input für *actiTopp* verwendet und die Ergebnisse der Pläne mit den Daten der Erhebung verglichen. Es handelt sich dabei also um die wiederholte Ausführung aller Modellschritte von *actiTopp*. Zur Simulation der Aktivitätenpläne wird jeweils eine Reihe von Zufallszahlen gezogen. Diese erzeugen für alle Teilmodelle Entscheidungen auf Basis der Auswahlwahrscheinlichkeiten der Nutzenfunktionen bzw. der Häufigkeitsverteilungen für die gewichteten Zufallszahlenziehungen. Insgesamt werden für die Validierung 3 095 Personen modelliert. Aufgrund der beschriebenen Limitierungen und noch bekannten Defizite in der Abbildung gemeinsamer Wege und Aktivitäten erfolgt die Modellierung für die Darstellung der Validierungsergebnisse ohne die Modellteile zu gemeinsamen Wegen und Aktivitäten.

4.6.1 Validierung erzeugter Aktivitäten

Tabelle 4.6 zeigt die Verteilung der Zwecke für Aktivitäten sowie die mittlere Dauer und den Variationskoeffizient (VK) je Zweck. Die Zweckverteilung stimmt insgesamt gut mit der Verteilung der Erhebungsdaten überein. Die größten Abweichungen existieren bei Serviceaktivitäten, welche durch *actiTopp* zu selten erzeugt werden und Freizeitaktivitäten, welche zu häufig erzeugt werden. In beiden Fällen liegt die Abweichung jedoch unter 2,5 %.

Tabelle 4.6: Validierung Anteile und Dauer der Aktivitäten je Zweck

Zweck der Aktivität	Erhebungsdaten MOP 2014 bis 2015			Modelldaten		
	Anteil	Dauer		Anteil	Dauer	
		Mittelwert	VK		Mittelwert	VK
Alle	100 %	2 h 22 min	1,20	100 %	2 h 19 min	1,19
Arbeiten	23,73 %	5 h 17 min	0,54	23,61 %	5 h 00 min	0,55
Bildung	3,67 %	5 h 25 min	0,52	3,88 %	5 h 04 min	0,55
Freizeit	35,26 %	1 h 54 min	1,49	36,98 %	1 h 54 min	1,46
Einkaufen	28,75 %	0 h 43 min	3,96	29,32 %	0 h 44 min	3,77
Service	8,60 %	0 h 28 min	6,11	6,21 %	0 h 29 min	5,73

Die mittlere Dauer weicht am stärksten bei den längsten Aktivitäten, Arbeit und Bildung, ab. Im Mittel erzeugt *actiTopp* hierbei um 17 (Arbeiten) bzw. 21 Minuten (Bildung) zu kurze Aktivitäten. Dies könnte an den regulierenden Aspekten der Abbildung der Stabilität oder den größeren Zeitkategorien bei höherer Dauer der Aktivität liegen, welche für die gewichteten Zufallszahlenziehungen der Dauer noch nicht zweckabhängig unterschieden werden. Insgesamt kann die mittlere Dauer einer Aktivität mit einer Abweichung von nur drei Minuten jedoch gut modelliert werden. Auch die Variation, dargestellt über die Variationskoeffizienten, kann für die unterschiedlichen Zwecke gut abgebildet werden.

4.6.2 Validierung erzeugter Touren

Die Verteilung der Zwecke der Touren stimmt insgesamt ebenfalls gut überein. Die Abweichungen der erzeugten Aktivitäten zeigen sich auch bei der Tourbetrachtung. Es ergeben sich insgesamt 1,30 % zu viele Touren zu Freizeitzwecken und 1,45 % zu wenig Touren zu Servicezwecken. Die mittlere Anzahl von Aktivitäten in einer Tour beträgt 1,40 in der Erhebung bei einem Variationskoeffizienten von 0,65 und ebenfalls 1,40 in den Modelldaten bei einem Variationskoeffizienten von 0,67. Die mittlere Dauer für Aktivitäten in einer Tour beträgt 3 h 19 min in den Erhebungsdaten (VK 1,02) und 3 h 14 min in den Modelldaten (VK 1,01). Bei der Tourvalidierung ist die Startzeit besonders relevant, da diese in *actiTopp* direkt modelliert wird und damit auch die Startzeiten der zugehörigen Aktivitäten der Tour mitbestimmt. Abbildung 4.13 stellt die Startzeiten aller Touren aus der Modellierung und der Erhebung in einer Tagesganglinie gegenüber. Es zeigt sich insgesamt eine gut übereinstimmende Verteilung der Startzeiten. Durch *actiTopp* kann sowohl die typische Morgenspitze als auch die breitere Spitze in den Nachmittagsstunden sehr gut abgebildet werden. Auch bei der, in der Abbildung nicht dargestellten, Betrachtung der zweckspezifischen Startzeitenverteilungen zeigt sich insgesamt eine gute Übereinstimmung.

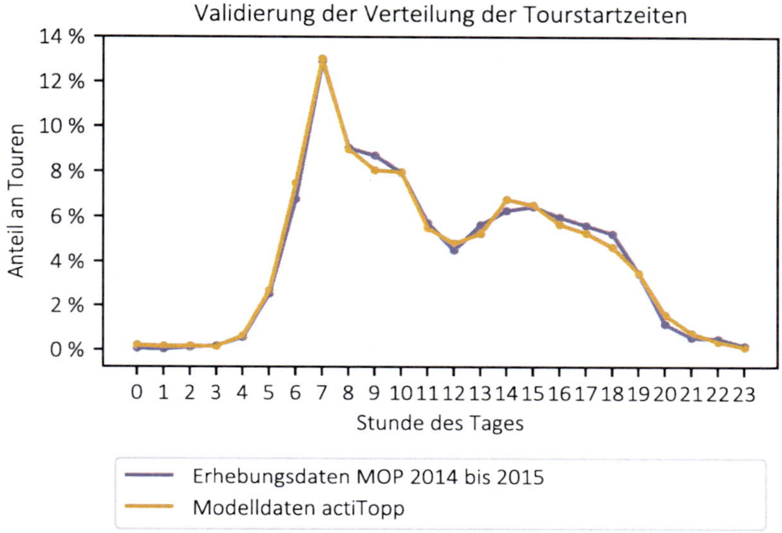

Abbildung 4.13: Validierung der Verteilung der Tourstartzeiten

4.6.3 Validierung resultierender Tagesaktivitätenpläne

Pro Tag (nur mobile Tage mit mindestens einer Außer-Haus-Aktivität) werden im Mittel in den Erhebungsdaten 2,24 Aktivitäten (VK 0,64) auf 1,60 Touren (VK 0,50) durchgeführt. In den Modelldaten werden mit 2,20 Aktivitäten (VK 0,61) auf 1,58 Touren (VK 0,48) nahezu gleich viele Aktivitäten und Touren durchgeführt. Auch die für Aktivitäten aufgewendete Dauer weicht mit 11 Minuten nur geringfügig ab (Erhebungsdaten: 5 h 18 min mit VK 0,71; Modelldaten: 5 h 7 min mit VK 0,72).

Bei der Validierung der Ergebnisse auf Tagesebene sind die resultierenden Tagespläne interessant, da sie mehrere Informationen kombinieren (Anzahl der Aktivitäten, Anzahl der Touren sowie die Reihenfolge der durchgeführten Aktivitäten). Tabelle 4.7 stellt die Anteile der jeweils fünf häufigsten Tagespläne der Erhebungsdaten für Tage unter der Woche und des Wochenendes den Modelldaten gegenüber.

Tabelle 4.7: Validierung Tagesaktivitätenpläne

Tagesaktivitätenpläne (H: Aktivitäten zu Hause)	Erhebungsdaten MOP 2014 bis 2015	Modelldaten
	Anteil	Anteil
Pläne Montag bis Freitag		
H_Arbeiten_H	12,29 %	13,53 %
H_Einkaufen_H	8,27 %	6,77 %
H_Freizeit_H	6,60 %	7,18 %
H	5,53 %	5,15 %
H_Arbeiten_H_Freizeit_H	3,90 %	3,84 %
Andere	63,41 %	63,54 %
Pläne Samstag bis Sonntag		
H_Freizeit_H	24,57 %	28,09 %
H	18,26 %	19,45 %
H_Einkaufen_H	7,58 %	6,76 %
H_Freizeit_H_Freizeit_H	5,67 %	7,38 %
H_Einkaufen_H_Freizeit_H	3,96 %	4,10 %
Andere	39,97 %	34,22 %

Insgesamt zeigt sich erneut ein gutes Modellergebnis. Abweichungen der Anteile liegen an Tagen unter der Woche bei maximal 1,50 %, am Wochenende bei maximal 3,52 %. Auch die Variabilität kann unter der Woche gut dargestellt werden. Andere Pläne neben den fünf häufigsten stellen in beiden Fällen circa 63 % der Pläne dar. Am Wochenende ist die Vielfalt der Pläne geringer und die fünf häufigsten Pläne umfassen circa 60 % der Pläne. Bei den

Modelldaten sind dies circa 66 %. Hier kann durch *actiTopp* nur eine etwas geringere Vielfalt abgebildet werden.

In der empirischen Analyse wurde die Variation verschiedener Tagespläne als ein Maß der intrapersonellen Variation untersucht. Dabei zeigte sich eine geringe Stabilität der durchgeführten Pläne. Analog zu Quellen aus der Literatur wurden gleiche Tagespläne selten wiederholt. Dies zeigt sich auch für die Validierungsdaten. Im Mittel hat eine Person pro Woche 4,9 verschiedene Tagespläne, in den Modelldaten sind dies 5,07 Pläne. *actiTopp* schafft es, die Variation der Tagesaktivitätenpläne insgesamt gut nachzubilden (siehe Abbildung 4.14). Es zeigt sich jedoch eine leichte Tendenz zur Vernachlässigung geringer Anzahlen an Aktivitätenplänen im Modell. Für die ersten vier Balken (1 Tagesaktivitätenplan bis 4 Tagesaktivitätenpläne) liegen die Erhebungsdaten stets über den Daten der Modellierung.

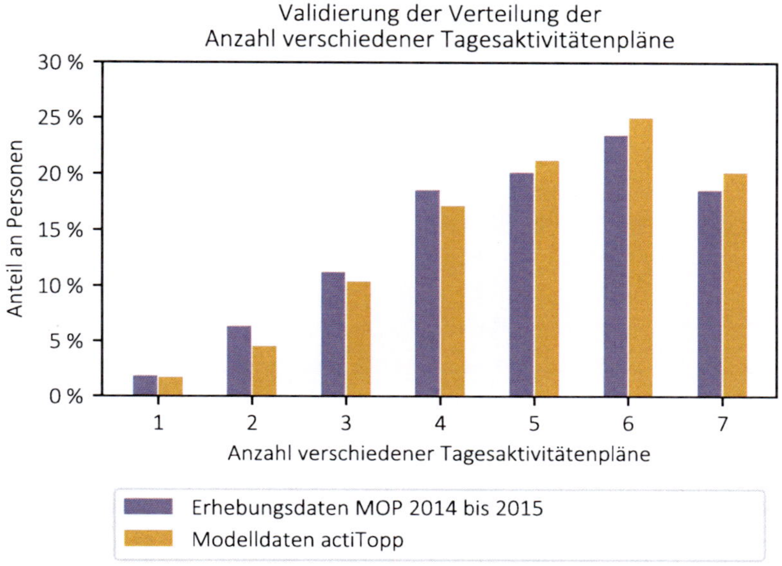

Abbildung 4.14: Validierung der Verteilung der Anzahl verschiedener Tagesaktivitätenpläne

Schüler(innen), Studierende und Auszubildende haben im Modell zu häufig fünf verschiedene Pläne, wo in der Erhebung häufiger sechs oder sieben verschiedene Pläne auftreten. Dies könnte eine Folge der eingebauten Stabilitätsaspekte sein, die für Bildungsaktivitäten umgesetzt wurden und die Vielfalt der Pläne einschränken. Die Abweichung liegt jedoch unter 10 %. Für Rentner(innen) wird eher eine zu große Vielfalt modelliert. In der Verteilung sind Personen mit fünf und sechs verschiedenen Plänen über- und mit zwei bis vier Plänen unterrepräsentiert. Dies deutet auf eine Stabilität hin, die bisher nicht durch die Modellierung erfasst wird und näher zu untersuchen ist.

4.6.4 Validierung resultierender Wochenaktivitätenpläne

Abschließend werden Validierungsergebnisse der resultierenden Wochenaktivitätenpläne beschrieben. Dies ist insbesondere interessant, da sie das summierte Ergebnis der modellierten Einzelentscheidungen zu Aktivitäten und Touren sind, und sich Abweichungen durch die Summierung möglicherweise stärker in der Wochenbetrachtung zeigen. Tabelle 4.8 stellt die Mittelwerte pro Person der Anzahl an Aktivitäten sowie die dafür in der Woche aufgewendeten Dauer für alle Zwecke dar. Insgesamt beträgt die Abweichung der Mittelwerte bzgl. der Aktivitätenanzahl circa 1 %, bei den Dauern sind es circa 3 %. Bei den Zwecken fallen insbesondere Serviceaktivitäten negativ auf. Hier beträgt die Abweichung sowohl bei der Anzahl wie auch bei der Dauer über 25 %. Beide Werte lassen sich hauptsächlich auf die Anzahl der Aktivitäten zurückführen, da die mittlere Dauer je Serviceaktivität korrekt modelliert wird (siehe Tabelle 4.6). Absolut gesehen ist die Abweichung in beiden Fällen gering, relativ jedoch deutlich. Die Abweichung ist bezogen auf die Aktivitätenverteilung zwar nicht viel höher als bei anderen Zwecken, wirkt sich in der Wochenbetrachtung jedoch deutlich stärker aus. Abgesehen von den Serviceaktivitäten passen die betrachteten Werte aus Erhebung und Modell jedoch sehr gut zueinander. Die Dauer für alle Aktivitäten wird im Wochenverlauf um circa eine Stunde unterschätzt. Dies liegt unter anderem an im Mittel zu kurzen Arbeitsaktivitäten.

Tabelle 4.8: Validierung Kennwerte pro Person

Kenngröße	Erhebungsdaten MOP 2014 bis 2015		Modelldaten	
	Mittelwert	VK	Mittelwert	VK
Anzahl Aktivitäten pro Person und Woche				
gesamt	14,14	0,48	13,99	0,44
Arbeiten	3,36	1,22	3,30	1,14
Bildung	0,52	2,92	0,54	3,02
Freizeit	4,99	0,78	5,17	0,66
Einkaufen	4,07	0,78	4,10	0,85
Service	1,22	2,13	0,87	2,12
Dauer für Aktivitäten pro Person und Woche				
gesamt	33 h 29 min	0,54	32 h 28 min	0,53
Arbeiten	17 h 43 min	1,07	16 h 30 min	1,12
Bildung	2 h 49 min	3,06	2 h 45 min	3,13
Freizeit	9 h 29 min	0,79	9 h 48 min	0,86
Einkaufen	2 h 54 min	0,97	3 h 00 min	1,10
Service	0 h 34 min	2,77	0 h 25 min	3,11

Abbildung 4.15 betrachtet die Verteilung der Anzahl an Aktivitäten für alle Personen. Dabei zeigt sich ein weiteres Problem, das erst durch die Wochenbetrachtung deutlich wird. Durch die logistischen Regressionen kommt es zu

einer Überbewertung des Bereichs rund um den Mittelwert (siehe hierzu auch die isolierte Darstellung der Abweichung in Abbildung 4.16).

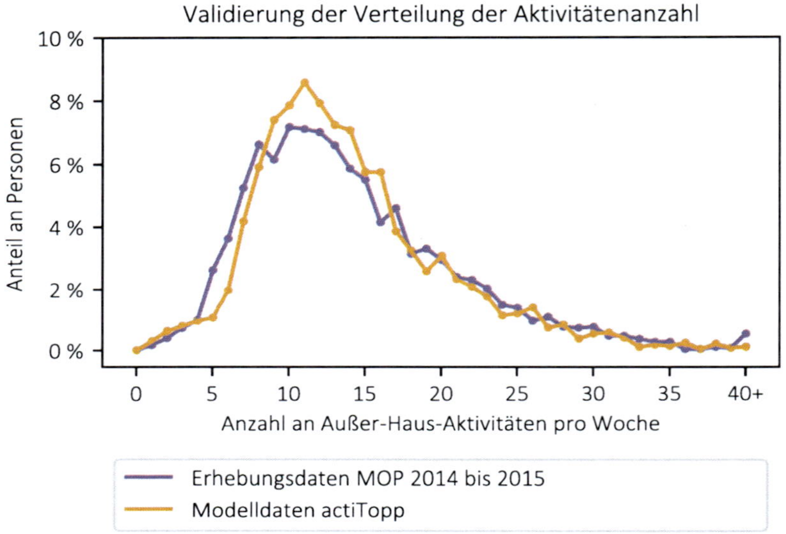

Abbildung 4.15: Validierung der Verteilung der Aktivitätenanzahl

Insbesondere die Werte der Verteilung mit sehr wenigen Aktivitäten sind zu gering. Die Anzahl der Aktivitäten pro Woche ist das kombinierte Resultat mehrerer Einzelentscheidungen. Um eine sehr geringe Zahl an Aktivitäten zu erreichen, muss jede dieser Entscheidungen einer kleinen Anzahl an Aktivitäten entsprechen. Dabei ist die Chance eines „Ausreißers" dennoch gegeben. Hier konnten Verbesserungen der Stabilität durch den Einbau zusätzlicher Schritte erreicht werden (siehe Abschnitt 4.4.1), aber es zeigt, dass die tatsächliche Stabilität in diesem Aspekt noch nicht einwandfrei modelliert werden kann. Die gleiche Problematik ergibt sich für das rechte Ende der Verteilung. Für viele Aktivitäten müssen viele der Entscheidungen eine hohe Anzahl an Aktivitäten ergeben. Mit steigender Anzahl an Aktivitäten nehmen in den entsprechenden Einzelentscheidungen jedoch oft die Auswahlwahrscheinlichkeiten ab. Auch hier kann die Stabilität dieses Aspekts nicht vollständig abgebildet werden. Dennoch erreicht *actiTopp* insgesamt eine sehr gute Nachbildung der Verteilung.

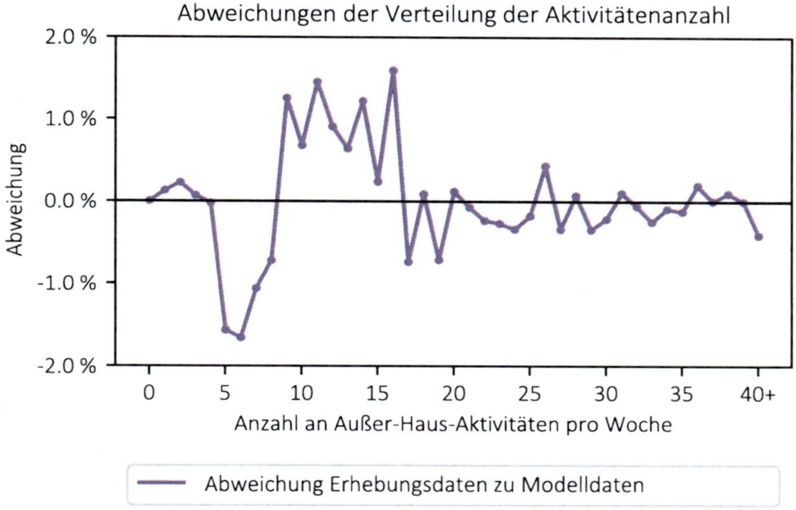

Abbildung 4.16: Abweichungen der Verteilung der Aktivitätenanzahl

Tabelle 4.9 betrachtet abschließend Wochenaktivitätenpläne als Sequenz der Zwecke der Hauptaktivitäten aller Wochentage. Es werden die zehn häufigsten Wochenpläne der Erhebungsdaten dargestellt. Auch hier stimmen die Anteile insgesamt gut überein. Der in der Erhebung häufigste Plan mit Arbeitstagen unter der Woche und von Freizeit dominierten Tagen am Wochenende (_W_W_W_W_W_L_L_) wird in der Modellierung etwas zu häufig durchgeführt. Gleiches gilt für Bildungstage mit Freizeit am Wochenende (_E_E_E_E_E_L_L_). Die häufigsten Pläne machen in der Erhebung circa 28 % aller Pläne aus. In der Modellierung sind dies circa 34 %. *actiTopp* stellt also eine geringere Vielfalt an Plänen dar. Die so betrachteten Sequenzen können beliebig um weitere Informationen ergänzt werden. Eine Integration der Tour- und Aktivitätenzahlen pro Tag (ein beispielhafter Plan wäre dann _W1_W1_W1_W1_W1_L2_L1_) erweist sich jedoch nicht als zielführend. Durch die damit steigende Kombinatorik wird der häufigste Plan der Erhebungsdaten bei Integration der Tourzahl nur durch 1,04 % aller Personen durchgeführt und bei Integration der Aktivitätenanzahl nur durch 0,23 % aller Personen. Dies zeigt erneut die sehr hohe Anzahl an Freiheitsgraden bei der Ausgestaltung von Wochenaktivitätenplänen.

Tabelle 4.9: Validierung Wochenaktivitätenpläne nach Hauptaktivität

Wochenaktivitätenpläne	Erhebungsdaten MOP 2014 bis 2015	Modelldaten
	Anteil	Anteil
_W_W_W_W_W_L_L_	9,89 %	11,34 %
_W_W_W_W_W_S_L_	4,94 %	4,63 %
_W_W_W_W_W_L_H_	2,62 %	3,06 %
_E_E_E_E_E_L_L_	2,52 %	2,90 %
_W_W_W_W_W_S_H_	2,07 %	2,08 %
_W_W_W_W_W_H_H_	1,55 %	1,34 %
_L_L_L_L_L_L_L_	1,49 %	2,67 %
_W_W_W_W_W_W_L_	1,20 %	1,82 %
_W_W_W_W_W_H_L_	1,13 %	1,47 %
_W_W_W_W_L_L_L_	0,97 %	2,21 %
Andere	71,63 %	66,48 %
W: Arbeiten, E: Bildung, L: Freizeit, S: Einkaufen, H: Aktivitäten zu Hause		

5 actiTopp Anwendungsfälle

Das Modell *actiTopp* wird für die Anwendungsfälle Stuttgart und Karlsruhe getestet. Die beiden Regionen wurden ausgewählt, da Verkehrsverhaltensdaten zur Validierung der Anwendungsfälle vorliegen und bereits ein mobiTopp-Modell existiert bzw. derzeit entsteht. Ziel der Anwendungsfälle ist es, die Güte der Modellierung von *actiTopp* auf anderen, vom MOP unabhängigen, Daten zu bewerten. Für Stuttgart stehen dafür Daten einer 2009/2010 durchgeführten Wochenerhebung im Planungsraum zur Verfügung. Für Karlsruhe können Daten einer 2012 durchgeführten Tageserhebung genutzt werden. Abschnitt 5.1 und 5.2 beschreiben die Modellierung der beiden Anwendungsfälle und vergleichen die Ergebnisse der Modellierung und der zugehörigen Erhebung. Abschließend werden in Abschnitt 5.3 Erkenntnisse der Anwendung und Grenzen des Modells bzw. der Anwendbarkeit diskutiert.

5.1 Stuttgart

Für den Planungsraum Stuttgart existiert seit 2013 eine Implementierung des Verkehrsnachfragemodells mobiTopp (siehe Abschnitt 2.3.4). Wie in der Einführung zu mobiTopp gezeigt, existiert eine Möglichkeit zur Modellverbesserung im Rahmen der Aktivitätenplanung. Für die Implementierung in Stuttgart werden die Aktivitätenpläne einer Haushaltsbefragung entsprechend einiger Charakteristika als durchzuführende Pläne der Modellpersonen ausgewählt. Dies hat einerseits den Vorteil, dass es sich um real ausgeführte Pläne handelt. Andererseits reduziert dieses Vorgehen die Möglichkeiten der Maßnahmenbewertung und das Wissen um Einflussfaktoren im Bereich der Aktivitätenplanung. Maßnahmensensitivität ist in mobiTopp bisher auf die Ziel- und Verkehrsmittelwahl beschränkt.
Ziel des nachfolgend beschriebenen Anwendungsfalls ist eine Prüfung der Anwendbarkeit von *actiTopp* auf die Region Stuttgart. Hierzu werden

Aktivitätenpläne für alle Personen erzeugt und mit den empirischen Aktivitätenplänen der Erhebung verglichen. Sollte *actiTopp* die Pläne zufriedenstellend nachmodellieren können, ist es als Ersatz der bisher direkt übernommenen Aktivitätenpläne für die Modellimplementierung in Stuttgart geeignet und kann verwendet werden. Gleichzeitig dient der Anwendungsfall Stuttgart damit auch als Probe für *actiTopp*, wie sich das Modell auf einem komplett neuen Datensatz, der nicht Teil des MOP ist, verhält.

5.1.1 Vergleichserhebung

In den Jahren 2009 und 2010 wurde im Großraum Stuttgart die mehrtägige Mobilitätserhebung „Mobilität und Verkehr in der Region Stuttgart 2009/2010“ durchgeführt. Alle Personen der ausgewählten Haushalte wurden für den Zeitraum einer Woche gebeten, durchgeführte Wege in einem Wegetagebuch zu erfassen. Der methodische Ansatz ähnelt dabei der Struktur des MOP mit dem Unterschied, dass die Stuttgart-Erhebung nicht wiederholt durchgeführt wurde. Im weiteren Unterschied zum MOP wurden in der Stuttgart-Erhebung georeferenzierte Wege erhoben; die räumliche Auflösung ist damit wesentlich genauer. Die Erhebung wurde zwischen September 2009 und April 2010 durchgeführt. Die Stichprobe umfasst insgesamt 5 567 Haushalte mit 13 731 Personen. Es wurden jeweils alle Personen ab sechs Jahren in einem Haushalt gebeten, an der Erhebung teilzunehmen. Weitere Informationen zur Stuttgart-Erhebung können dem Abschlussbericht des Projekts des Verbands Region Stuttgart (2011) entnommen werden.

5.1.2 Modellanwendung

Abbildung 5.1 zeigt die Ablauflogik zur Bewertung des Anwendungsfalls. Im Vorfeld, nicht dargestellt, erfolgt eine Datenaufbereitung des Stuttgart-Datensatzes. Die verfügbaren Weginformationen werden gemäß der in Abschnitt 3.1 beschriebenen Annahmen und Definitionen in Aktivitäteninformationen umgewandelt. Personen mit Fehlern in der Berichtsreihenfolge oder anderen unplausiblen Angaben werden aussortiert. Personen unter zehn Jahren werden nicht berücksichtigt, da die Datenschätzung für *actiTopp* nur auf Personen ab zehn Jahren beruht. Der bereinigte Datensatz enthält 9 342 Personen. Das weitere methodische Vorgehen ist identisch zu dem des Validierungsdatensatzes in Abschnitt 4.6. Der bereinigte Datensatz wird auf die für *actiTopp* notwendigen Inputdaten reduziert. Für alle Personen dieses Datensatzes werden anschließend mit *actiTopp* Wochenaktivitätenpläne erzeugt. Die Modellierung erfolgt dabei ohne die Modellteile zur Abbildung von gemeinsamen Wegen und Aktivitäten. Für die Modellierung werden die auf Basis der MOP-Daten geschätzten Modellparameter verwendet, wie sie im vorherigen Kapitel dargestellt wurden. Die damit modellierten Aktivitätenpläne werden zur Validierung des Anwendungsfalls im letzten Schritt mit den Erhebungsdaten der Stuttgart-Erhebung verglichen.

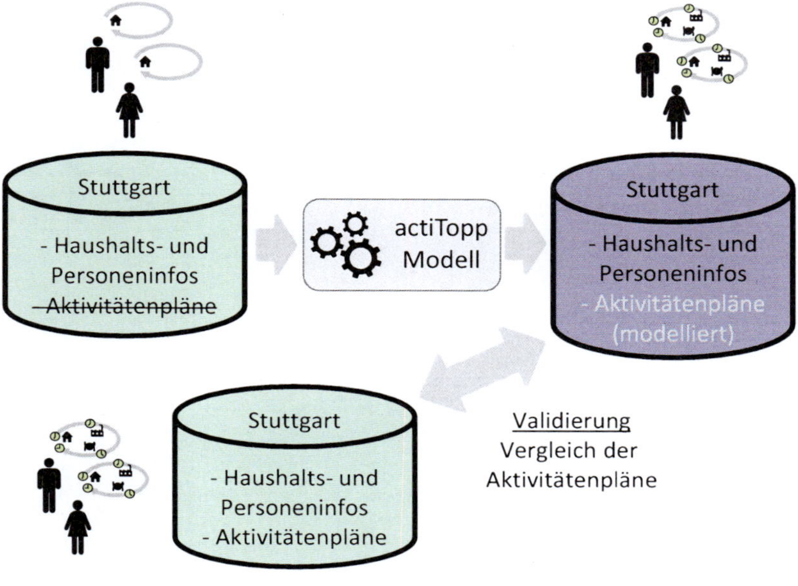

Abbildung 5.1: Ablauflogik Anwendungsfall Stuttgart

5.1.3 Validierung

Tabelle 5.1 stellt Anteile und mittlere Dauer mit Variationskoeffizient der Aktivitäten je Zweck für den Anwendungsfall dar. Die Abweichungen der Zwecke sind, analog zur Validierungsstichprobe des MOP 2014 bis 2015 (siehe Abschnitt 4.6), alle unter 2,5 %. Im Vergleich ist der Anteil an Schüler(inne)n und Studierenden in der Stuttgart-Erhebung mit fast 18 % nahezu doppelt so hoch. Erwerbstätige sind etwas seltener in der Stuttgart-Erhebung vertreten. Das zeigt sich in höheren Anteilen für Bildungsaktivitäten und niedrigeren für Arbeitsaktivitäten. Diese veränderten Anteile werden durch *actiTopp* berücksichtigt und die Aufteilung der Aktivitäten wird gut abgebildet.

Tabelle 5.1: Validierung Anteile und Dauer der Aktivitäten je Zweck – Stuttgart

Zweck der Aktivität	Erhebungsdaten Stuttgart			Modelldaten actiTopp Stuttgart		
	Anteil	Dauer		Anteil	Dauer	
		Mittelwert	VK		Mittelwert	VK
Alle	100 %	2 h 41 min	1,17	100 %	2 h 19 min	1,17
Arbeiten	18,70 %	6 h 07 min	0,51	20,12 %	4 h 58 min	0,55
Bildung	7,15 %	5 h 13 min	0,60	6,90 %	5 h 10 min	0,52
Freizeit	37,37 %	2 h 19 min	1,35	38,03 %	1 h 55 min	1,42
Einkaufen	30,60 %	0 h 53 min	3,56	28,75 %	0 h 44 min	3,69
Service	6,18 %	0 h 22 min	8,65	6,20 %	0 h 29 min	5,55

Die Modellierung der Dauer zeigt größere Abweichungen, insbesondere bei Arbeits- und Freizeitaktivitäten. Auch hier gibt es starke Veränderungen im Vergleich zur MOP-Stichprobe. Arbeitsaktivitäten sind im Mittel mit 6 h 7 min in der Stuttgart-Erhebung fast eine Stunde länger als in den MOP-Daten

(5 h 17 min). Freizeitaktivitäten sind im Mittel 24 Minuten länger. Dies wirkt sich dementsprechend auch auf die mittlere Dauer aller Aktivitäten aus, die von *actiTopp* unterschätzt wird.

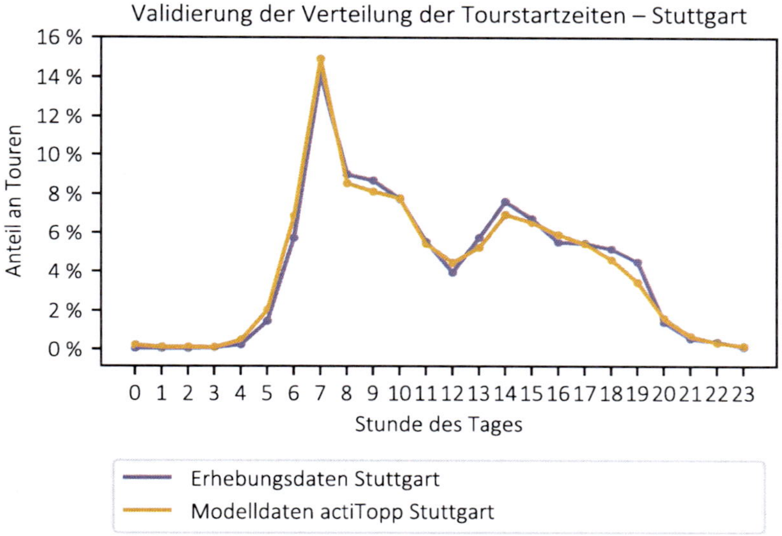

Abbildung 5.2: Validierung der Verteilung der Tourstartzeiten – Stuttgart

Die Validierung der Ergebnisse auf Tourebene zeigt eine gute Übereinstimmung der modellierten Startzeiten auch für den Anwendungsfall Stuttgart (siehe Abbildung 5.2). Pro Tour werden in Stuttgart 1,33 Aktivitäten mit einem Variationskoeffizienten von 0,67 durchgeführt. Dieser Wert wird von *actiTopp* mit 1,38 Aktivitäten leicht überschätzt. Der Variationskoeffizient stimmt mit 0,67 überein. Die Unterschätzung der Dauer der Aktivitäten je Tour setzt sich fort, sodass Touren im Anwendungsfall Stuttgart im Mittel eine 21 Minuten zu niedrige Dauer haben.

Personen in der Region Stuttgart führen an mobilen Tagen im Mittel 2,12 Aktivitäten durch (VK 0,66). In *actiTopp* werden 2,16 Aktivitäten pro Tag modelliert (VK 0,61). Die Werte der Stuttgart-Erhebung liegen dabei unter den Werten der Validierungsstichprobe des MOP 2014 bis 2015 (2,24). Dies lässt sich unter anderen durch den höheren Anteil an Schüler(inne)n begründen, die im Mittel weniger Aktivitäten durchführen. Dennoch erreicht *actiTopp* nicht den Wert von 2,12, was erneut auch an anderen Eigenschaften der erwerbstätigen Personen liegt. Bereits gezeigt wurde die längere Dauer für Arbeitsaktivitäten. Damit korreliert eine geringe Zahl an Aktivitäten pro Tag, da weniger Zeit für andere Aktivitäten zur Verfügung steht. Vollzeit-Erwerbstätige haben in der Stuttgart-Erhebung mit 2,12 Aktivitäten fast 10 % weniger Aktivitäten als im Validierungsdatensatz des MOP 2014 bis 2015 (2,30 Aktivitäten). Werden alle statt nur mobiler Tage betrachtet, fällt auf, dass in Stuttgart ein höherer Anteil an Tagen existiert, an denen keine Außer-Haus-Aktivität stattfindet. Tabelle 5.2 stellt die häufigsten Tagesaktivitätenpläne der Stuttgart-Erhebung dar. An 9,13 % der Tage unter der Woche und 21,87 % der Tage am Wochenende findet keine Aktivität statt. Dieser Anteil kann von *actiTopp* nicht erreicht werden und die Werte bleiben deutlich darunter. Über alle unterschiedlichen Personengruppen (nach Erwerbsstatus) ist der Anteil der immobilen Tage in den Stuttgart-Daten im Mittel circa ein Drittel höher als im Validierungsdatensatz des MOP 2014 bis 2015. In den Stuttgart-Erhebungsdaten machen die fünf häufigsten Pläne 42 % aus. Diese Pläne machen in *actiTopp* nur 36 % der Pläne aus, was vor allem an der geringeren Zahl der immobilen Tage liegt. *actiTopp* stellt für Pläne unter der Woche damit eine größere Vielfalt der Pläne dar. Trotz der Abweichungen entsprechen die fünf häufigsten Pläne der Stuttgart-Erhebung den fünf häufigsten Plänen in *actiTopp*. Eine Ursache für die Abweichungen der Tage ohne Außer-Haus-Aktivitäten ist der Erhebungszeitraum. So wurde die Stuttgart-Erhebung auch während der Schulferienzeiten durchgeführt. Liegt der Durchschnitt über alle Erhebungswochen bei 9,13 % der Tage unter der Woche, an denen keine Außer-Haus-Aktivität durchgeführt wird, ist dieser in Ferienwochen stark erhöht. In der Herbstferienwoche 2009 beträgt er 11 %, in der Faschingswoche 2010 16 % und in der Osterferienwoche 2010 sogar 18 %. Die Erhebung des MOP hingegen findet immer im Herbst außerhalb von Ferienzeiten statt.

Tabelle 5.2: Validierung Tagesaktivitätenpläne – Stuttgart

Tagesaktivitätenpläne (H: Aktivitäten zu Hause)	Erhebungsdaten Stuttgart	Modelldaten actiTopp Stuttgart
	Anteil	Anteil
Pläne Montag bis Freitag		
H_Arbeiten_H	12,96 %	10,99 %
H	9,13 %	4,93 %
H_Einkaufen_H	8,41 %	7,16 %
H_Freizeit_H	6,04 %	7,16 %
H_Bildung_H	5,56 %	5,52 %
Andere	57,90 %	64,24 %
Pläne Samstag bis Sonntag		
H_Freizeit_H	22,26 %	28,89 %
H	21,87 %	20,02 %
H_Einkaufen_H	8,00 %	6,57 %
H_Freizeit_H_Freizeit_H	5,15 %	7,82 %
H_Einkaufen_H_Freizeit_H	3,84 %	4,45 %
Andere	38,87 %	32,25 %

Die bereits analysierten Abweichungen setzen sich bei Betrachtung der Informationen für die gesamte Woche fort und wirken sich deutlicher aus als zuvor (siehe Tabelle 5.3). Im Mittel werden von *actiTopp* 8,17 % zu viele Aktivitäten erzeugt. Insbesondere zeigt sich diese Abweichung bei Arbeitsaktivitäten. Gleichzeitig wird die Dauer für Aktivitäten in der Woche unterschätzt.

Tabelle 5.3: Validierung Kennwerte pro Person – Stuttgart

Kenngröße	Erhebungsdaten Stuttgart		Modelldaten actiTopp Stuttgart	
	Mittelwert	VK	Mittelwert	VK
Anzahl Aktivitäten pro Person und Woche				
Alle	12,70	0,49	13,74	0,43
Arbeiten	2,37	1,39	2,76	1,31
Bildung	0,91	2,26	0,95	2,20
Freizeit	4,75	0,82	5,22	0,64
Einkaufen	3,89	0,84	3,95	0,86
Service	0,78	2,53	0,85	2,19
Dauer für Aktivitäten pro Person und Woche				
Alle	34 h 00 min	0,61	31 h 56 min	0,53
Arbeiten	14 h 31 min	1,32	13 h 44 min	1,30
Bildung	4 h 44 min	2,28	4 h 54 min	2,25
Freizeit	11 h 02 min	1,02	10 h 00 min	0,83
Einkaufen	3 h 26 min	1,19	2 h 54 min	1,15
Service	0 h 17 min	4,37	0 h 25 min	3,10

Auch die in Tabelle 5.4 dargestellten Wochenaktivitätenpläne nach Hauptaktivität zeigen Abweichungen, die bereits auf Tagesebene erkannt wurden. Durch die zu niedrig modellierte Zahl an immobilen Tagen werden die beiden häufigsten Aktivitätenpläne der Erhebung überschätzt. Dennoch sind die

Abweichungen in der Wochenbetrachtung insgesamt gering und die Anteile der häufigsten Pläne stimmen gut überein.

Tabelle 5.4: Validierung Wochenaktivitätenpläne nach Hauptaktivität – Stuttgart

Wochenaktivitätenpläne	Erhebungsdaten Stuttgart	Modelldaten actiTopp Stuttgart
	Anteil	Anteil
_W_W_W_W_W_L_L_	6,08 %	9,42 %
_E_E_E_E_E_L_L_	4,07 %	6,02 %
_W_W_W_W_W_S_L_	3,45 %	3,53 %
_W_W_W_W_W_L_H_	2,29 %	2,41 %
_E_E_E_E_E_L_H_	2,02 %	1,90 %
_W_W_W_W_W_S_H_	1,79 %	1,48 %
_E_E_E_E_E_H_H_	1,47 %	1,38 %
_L_L_L_L_L_L_L_	1,23 %	2,75 %
_W_W_W_W_W_H_L_	1,21 %	1,34 %
_W_W_W_W_W_W_L_	1,16 %	1,73 %
Andere	75,24 %	68,04 %
W: Arbeiten, E: Bildung, L: Freizeit, S: Einkaufen, H: Aktivitäten zu Hause		

5.2 Karlsruhe

Der zweite Anwendungsfall modelliert Wochenaktivitätenpläne für Personen in der Region Karlsruhe. Im Rahmen des Projekts „regiomove“ wird ein mobiTopp-Modell für die Technologieregion Karlsruhe aufgebaut. Das Modell wird den Zeitraum einer Woche simulieren. Anders als im Beispiel des

Stuttgart-Modells existiert für Karlsruhe allerdings keine Längsschnitterhebung, die als Lieferant für Aktivitätenpläne dienen könnte. Für die Implementierung in Karlsruhe ist *actiTopp* damit erforderlich. Der im Folgenden beschriebene Anwendungsfall soll zeigen, wie gut *actiTopp* mithilfe von Daten einer Querschnittserhebung, wie sie in Karlsruhe vorliegt, validiert werden kann. *actiTopp* kann somit dazu dienen, auch für Regionen, in denen keine oder nur eine Querschnittserhebung vorliegt, Aktivitätenpläne für den Zeitraum einer Woche zu generieren.

5.2.1 Vergleichserhebung

Im Jahr 2012 wurde eine Haushaltsbefragung in der Stadt und Region Karlsruhe durchgeführt. Insgesamt nahmen 7 840 Personen an der Befragung teil, die zwischen Ende Februar und Ende Mai stattfand. Personen wurden gebeten, alle Wege mit Informationen zu genutzten Verkehrsmitteln, Wegezielen und Zwecken an einem Tag zu berichten. Der Stichtag wurde zufällig im Erhebungszeitraum, mit Ausnahme des Osterwochenendes, gewählt. Im Unterschied zu den anderen betrachteten Erhebungen wurden alle Haushaltsmitglieder ab null Jahre, bzw. deren Erziehungsberechtigte, gebeten, Wege und Informationen zu berichten. Weitere Ergebnisse und Informationen finden sich im Endbericht des Projekts (omniphon GmbH 2012).

5.2.2 Modellanwendung

Die Ablauflogik des Anwendungsfalls Karlsruhe in Abbildung 5.3 ist nahezu identisch mit der des zuvor betrachteten Anwendungsfalls Stuttgart. Im Unterschied zu Stuttgart existiert in Karlsruhe jedoch nur die Querschnittserhebung eines Tages, sodass die Validierung maximal auf Tagesinformationen beschränkt ist. Es werden die Daten der Karlsruhe-Erhebung auf die notwendigen Inputdaten reduziert, diese Personen dann mit *actiTopp* simuliert und die erzeugten Aktivitätenpläne mit den Erhebungsdaten verglichen. Bei den verwendeten Daten handelt es sich zudem nicht um die direkten

Ergebnisrohdaten des Projekts. Die Daten wurden im Jahr 2017 am Institut für Verkehrswesen des KIT in einer Einzelfallplausibilisierung zur besseren Weiterverwertung erneut aufbereitet. Für den Anwendungsfall standen diese aufbereiteten Daten zur Verfügung. Die verfügbaren Weginformationen werden gemäß den Annahmen und Definitionen in Abschnitt 3.1 in Aktivitäteninformationen umgewandelt. In der Karlsruhe-Erhebung existiert ergänzend zum MOP der Zweck „private Erledigung" für Wege/Aktivitäten. Derartige Aktivitäten werden gleichmäßig auf die in *actiTopp* verwendeten Zwecke Einkaufen und Freizeit aufgeteilt. Weiterhin erfolgt vorab eine Einschränkung der Daten, die Personen unter zehn Jahren oder solche mit Fehlern in der Berichtsreihenfolge aussortiert. Der Datensatz des Anwendungsfalls Karlsruhe enthält damit 6 558 Personen. Die Modellierung in *actiTopp* erfolgt erneut ohne die Modellteile zur Abbildung von gemeinsamen Wegen und Aktivitäten. Es werden wiederum die Parameter auf Basis der MOP-Daten zur Modellierung des Anwendungsfalls verwendet.

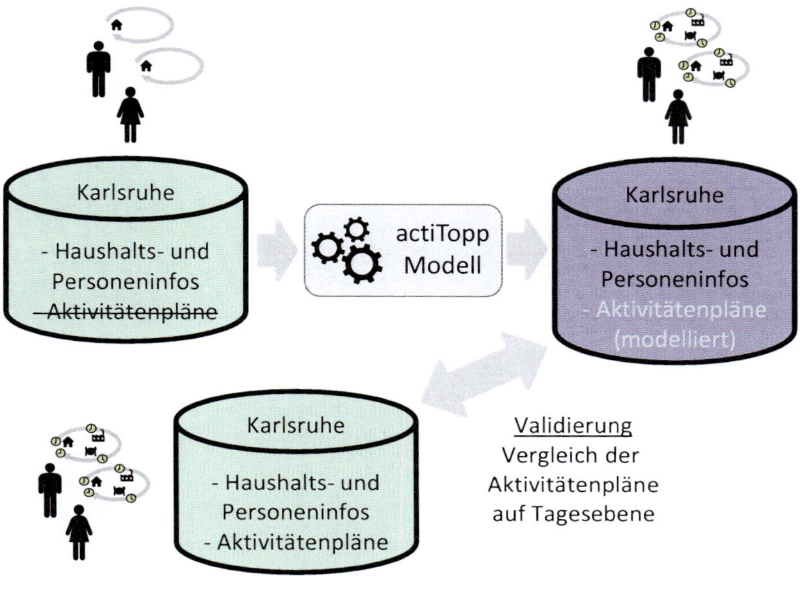

Abbildung 5.3: Ablauflogik Anwendungsfall Karlsruhe

5.2.3 Validierung

Bei der Zusammensetzung der Stichprobe in Karlsruhe fällt der hohe Anteil von Schüler(inne)n und Studierenden auf, die circa 21 % der Stichprobe ausmachen. Im Validierungsdatensatz des MOP liegt dieser Anteil bei nur 9 %. Rentner(innen) sind in der Stichprobe in Karlsruhe mit 21 % seltener vertreten als in der Stichprobe des MOP (28 %). Der dadurch erhöhte Anteil an Bildungsaktivitäten (siehe Tabelle 5.5) kann durch *actiTopp* abgebildet werden.

Tabelle 5.5: Validierung Anteile und Dauer der Aktivitäten je Zweck – Karlsruhe

Zweck der Aktivität	Erhebungsdaten Karlsruhe			Modelldaten actiTopp Karlsruhe		
	Anteil	Dauer		Anteil	Dauer	
		Mittelwert	VK		Mittelwert	VK
Alle	100 %	2 h 38 min	1,15	100 %	2 h 22 min	1,16
Arbeiten	20,04 %	6 h 02 min	0,50	21,02 %	5 h 00 min	0,55
Bildung	7,79 %	5 h 11 min	0,58	7,48 %	5 h 08 min	0,54
Freizeit	39,53 %	2 h 03 min	1,49	36,85 %	1 h 54 min	1,45
Einkaufen	23,39 %	0 h 46 min	3,88	27,71 %	0 h 44 min	3,77
Service	9,25 %	0 h 26 min	7,07	6,94 %	0 h 29 min	5,67

Insgesamt sind die Abweichungen der Verteilung der Zwecke gering. Die größten Abweichungen existierten bei Freizeit- und Bildungsaktivitäten. Dies lässt sich auf den Zweck „private Erledigung“ zurückführen. Dieser kann sowohl als Freizeit- wie auch als Einkaufsaktivität aufgefasst werden, was auch bei der Einführung des Zwecks in der MOP-Erhebung im Jahr 2016 beobachtet wurde (siehe Eisenmann et al. 2018). Für die Aufbereitung der Karlsruhe-Daten wurde der Zweck gleichmäßig verteilt, was für Abweichungen sorgen kann.

Bei der Betrachtung der mittleren Dauern fällt erneut die erhöhte Dauer für Arbeitsaktivitäten auf, die von *actiTopp* nicht erreicht wird. Die Werte aller anderen Zwecke sehen passend aus. Auch die Variationskoeffizienten stimmen, abgesehen vom Zweck Service, für alle Zwecke gut überein.

Abbildung 5.4 zeigt die Verteilung der Aktivitäten aller Zwecke an den einzelnen Wochentagen. Besonders Samstag und Sonntag weichen von den restlichen Tagen ab. Samstag ist durch die Zwecke Einkaufen und Freizeit, Sonntag deutlich durch Freizeitaktivitäten dominiert. Insgesamt kann *actiTopp* die entsprechenden Charakteristika gut abbilden. Erneut zeigen sich die bereits diskutierten Verschiebungen der Zwecke Einkaufen und Freizeit durch den Zweck private Erledigung, die sich allerdings nahezu ausgleichen.

Rentner(innen) sind in Karlsruhe aktiver als vollzeit-erwerbstätige Personen. Ein unerwartetes Ergebnis, wenn die MOP-Auswertungen in Abschnitt 3.3.1 betrachtet werden. Dieser Aspekt kann durch *actiTopp* nicht wiedergegeben werden, sodass die Anzahl an Aktivitäten bei Rentner(inne)n unterschätzt wird. Andere Personengruppen wie Auszubildende sind dagegen wesentlich weniger aktiv. Im Mittel gleichen sich diese Unterschiede jedoch aus. Personen in der Karlsruhe-Erhebung führen an mobilen Tagen durchschnittlich 2,18 Aktivitäten durch. Dieser Wert wird auch in der Modellierung von *actiTopp* erreicht. Wie durch die vorherigen Auswertungen zu erwarten, wird auch die Dauer der Aktivitäten pro Tag unterschätzt. In der Modellierung benötigen Personen im Mittel 5 h 11 min zur Durchführung der Aktivitäten. In den Erhebungsdaten sind es 5 h 46 min.

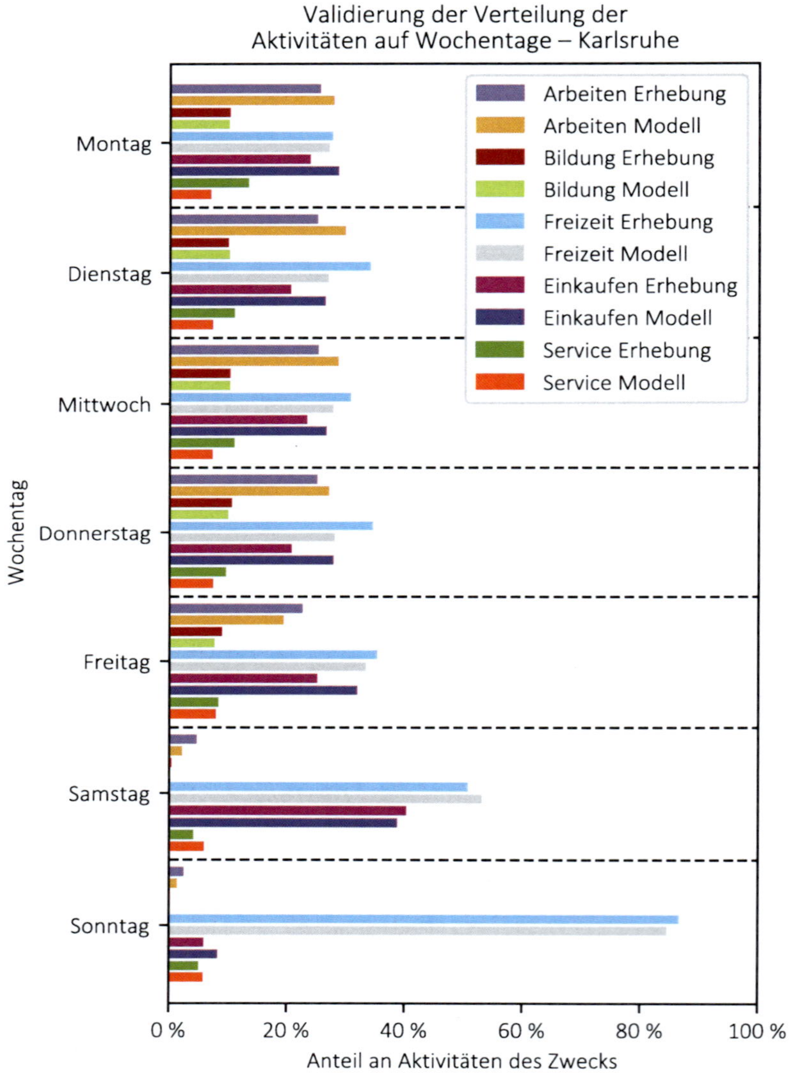

Abbildung 5.4: Validierung der Verteilung der Aktivitäten auf Wochentage – Karlsruhe

Die Startzeiten der durchgeführten Touren sehen, wie bei den anderen betrachteten Datensätzen ebenfalls, passend aus (siehe Abbildung 5.5). Die Morgenspitze ist aufgrund des höheren Anteils an Schüler(inne)n und Studierenden nochmals etwas ausgeprägter als in Stuttgart. Die mittlere Tourdauer wird von *actiTopp* mit 3 h 21 min um 12 Minuten unterschätzt.

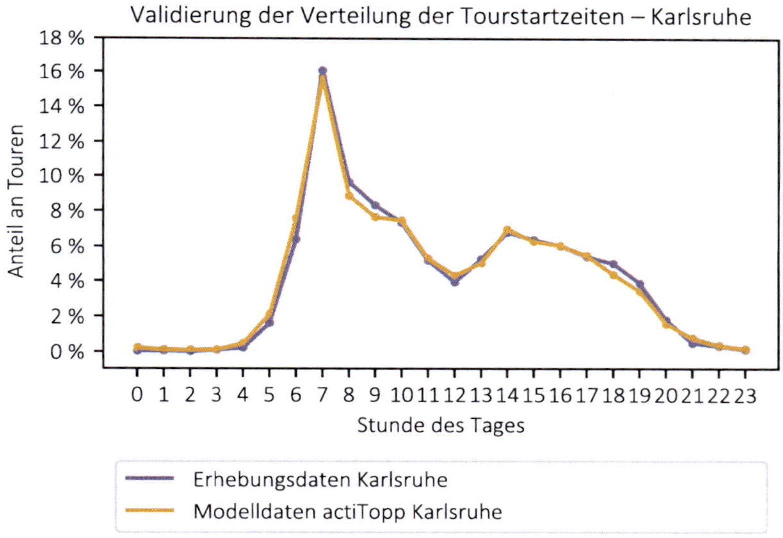

Abbildung 5.5: Validierung der Verteilung der Tourstartzeiten – Karlsruhe

Tabelle 5.6 zeigt die häufigsten Tagesaktivitätenpläne für den Anwendungsfall Karlsruhe. Insgesamt fällt erneut ein zu niedrig modellierter Anteil an Tagen ohne Außer-Haus-Aktivitäten auf. Auch hier kann als ein möglicher Grund der Erhebungszeitraum angeführt werden, der auch in Ferienzeiten lag. Auch für Karlsruhe zeigt sich eine überdurchschnittliche Anzahl an Tagen ohne Außer-Haus-Aktivität in besonderen Wochen. Der Anteil in den Osterferienwochen beträgt 13 %, in der Maifeiertagswoche 14 % und in der Woche um Christi Himmelfahrt 13 %.

Tabelle 5.6: Validierung Tagesaktivitätenpläne – Karlsruhe

Tagesaktivitätenpläne (H: Aktivitäten zu Hause)	Erhebungsdaten Karlsruhe	Modelldaten actiTopp Karlsruhe
	Anteil	Anteil
Pläne Montag bis Freitag		
H_Arbeiten_H	13,45 %	12,21 %
H	10,80 %	4,10 %
H_Bildung_H	6,76 %	6,43 %
H_Freizeit_H	6,04 %	6,47 %
H_Einkaufen_H	4,15 %	6,35 %
Andere	58,80 %	64,45 %
Pläne Samstag bis Sonntag		
H_Freizeit_H	26,02 %	29,24 %
H	23,19 %	18,89 %
H_Freizeit_H_Freizeit_H	6,75 %	7,23 %
H_Einkaufen_H	6,04 %	6,58 %
H_Einkaufen_H_Freizeit_H	3,21 %	4,59 %
Andere	34,78 %	33,48 %

5.3 Fazit und Diskussion der Modellanwendung

Die in den vorherigen Abschnitten betrachteten Vergleichserhebungen zeigen teilweise andere Ergebnisse als die Daten des MOP. Dadurch ergeben sich auch bei der Validierung der Anwendungsfälle deutlichere Abweichungen als sie in der Validierung mit MOP-Daten aufgetreten sind. Dies lässt sich auf verschiedene Gründe zurückführen:

- Unterschiede durch veränderte Stichprobenzusammensetzungen
- Abweichungen durch regionalspezifische Charakteristika
- Abweichungen durch unterschiedliche Erhebungsdesigns
- Abweichungen durch weitere externe Effekte

actiTopp ist sensitiv bezüglich veränderter Stichprobenzusammensetzungen und ist in der Lage, diese abzubilden. Durch erhöhte Anteile an Schüler(inne)n und Studierenden und geringeren Anteilen an anderen Personengruppen finden in beiden Anwendungsfällen anteilig mehr Bildungsaktivitäten als im MOP statt. Die veränderte Zusammensetzung hat, im Beispiel Stuttgart, auch Einfluss auf die modellierte Anzahl an Aktivitäten pro Woche, welche mit 13,74 unter dem Wert der Modellierung der MOP-Stichprobe von 13,99 liegt. Neben einer geringeren Anzahl an Aktivitäten benötigen Schüler(innen) im Mittel auch weniger Zeit für die Durchführung ihrer Aktivitäten, sodass durch die veränderte Stichprobenzusammensetzung die mittlere Dauer für Aktivitäten in *actiTopp* ebenfalls sinkt. Trotz dieser Stärke des Modells, unterschiedliche Stichprobenzusammensetzungen abzubilden, ist die Gesamtperformance des Modells *actiTopp* für Stuttgart und Karlsruhe schlechter und erzeugt in einigen Aspekten höhere Abweichungen als bei der Anwendung auf den Validierungsdatensatz des MOP. Hierfür können unterschiedliche Gründe angeführt werden.

actiTopp nutzt nur wenige Inputparameter für die Modellierung. Von diesen ist, siehe Abschnitt 4.3.4, vor allem der Erwerbsstatus relevant für die Ausgestaltung der Aktivitätenpläne. Die Modellparameter der logistischen Regressionen sind auf Basis der MOP-Stichprobe geschätzt und modellieren damit die Charakteristika der Stichprobe nach. Im Mittel wird ein Erwerbstätiger in allen Anwendungen von *actiTopp* dem mittleren Erwerbstätigen der MOP-Stichprobe entsprechen, solange mit Standardparametern modelliert wird. Natürlich sind weitere Aspekte der Inputparameter nicht zu vernachlässigen, der Erwerbsstatus ist aber mit Abstand der dominanteste Parameter. Das ist nachvollziehbar und wurde durch empirische Analysen der Arbeit sowie von anderen Arbeiten der Literatur bestätigt. Die geringe Zahl an notwendigen Inputparametern ist Vor- und Nachteil von *actiTopp* zugleich. Vorteil, da sich das Modell mit wenig erforderlichen Informationen anwenden lässt. Nachteil, da es alle weiteren Informationen aus den Modellparametern zieht. Dieser Nachteil ist zu vernachlässigen, wenn das MOP als allgemein für Deutschland gültige Stichprobe betrachtet wird, was sie auch ist.

Durch *actiTopp* ist es damit nur bedingt möglich, regionalspezifische Charakteristika und Unterschiede aufgrund unterschiedlicher Erhebungsdesigns abzubilden. Unterschiede ergeben sich durch beide Aspekte. Regionalspezifische Charakteristika können durch den Raumtyp, in dem der Haushalt wohnt, bedingt berücksichtigt werden. Dieser wird zwar betrachtet und ist auch Inputparameter von *actiTopp*. In der Modellschätzung war der Raumtyp jedoch nur für wenige Einzelentscheidungen eine signifikante Einflussgröße. Damit können nach wie vor nicht darstellbare regionalspezifische Charakteristika existieren, insbesondere wenn die Daten für Personengruppen stärker im Detail auswertet werden. Diese zeigen sich bei der Anwendung auf die Stuttgart- oder Karlsruhe-Erhebung mit Standard-Parametern. Hier treten zum Teil deutlich stärkere Abweichungen auf als bei der Validierung mit MOP-Daten. Dies hängt, im Beispiel Stuttgart, unter anderem damit zusammen, dass Erwerbstätige weniger Aktivitäten durchführen. Gleichzeitig steigt die im Mittel pro Aktivität aufgebrachte Zeit, bspw. für Arbeitsaktivitäten. Dies kann an tatsächlich bestehenden regionalspezifischen Charakteristika liegen. Diese können verschiedenste Erklärungsansätze haben. Arbeitszeiten könnten beispielsweise in Stuttgart auch durch die überdurchschnittliche Zahl der Erwerbstätigen im Automobilsektor verändert sein. Auch Einstellungen von Personen, die in Verkehrsverhaltenserhebungen meist nicht erfasst werden, können eine Rolle spielen. Ebenfalls kann die gerade in Stuttgart hügelige Topographie das Verkehrsverhalten beeinflussen. Abweichungen ergeben sich aber auch durch Unterschiede im Erhebungsdesign. Hierzu zählen andere Methodiken in der Stichprobenrekrutierung, andere Erhebungszeiträume oder andere Methoden der Datenplausibilisierung. In Stuttgart und Karlsruhe wurden die Erhebungen auch in Ferienzeiträumen durchgeführt. Dadurch ergeben sich andere Charakteristika. So finden in diesen Wochen weniger Arbeitsaktivitäten statt und die Anzahl an Tagen ohne Außer-Haus-Aktivität ist höher. Weiterhin wurden nur bedingt kompatible Zwecke erhoben (Bsp. Private Erledigung in Karlsruhe), was die Vergleichbarkeit zum MOP weiter erschwert. Für die Schätzung der Modellparameter wurden auch Personen aus dem MOP mit Besonderheiten in der Berichtswoche, bspw. Krankheit, verwendet. Für Stuttgart und Karlsruhe bleibt unklar, wie genau mit diesen Personen in der Erhebungsaufbereitung umgegangen wurde und ob diese gegebenenfalls aus den Daten gelöscht wurden. Zudem erschweren weitere externe Effekte den Vergleich. Unberücksichtigt bleiben neben den genannten Effekten weiterhin gesellschaftliche oder konjunkturelle Aspekte. So können beispielsweise in kurzen Zeiträumen erhobene Daten wie in Stuttgart (2009/2010) oder Karlsruhe (2012) durch gesellschaftliche oder konjunkturelle Entwicklungen beeinflusst sein, die sich in den Daten der Schätzung (2004-2013) aufgrund des langfristigen Charakters und der Verteilung über ganz Deutschland nicht widerspiegeln.

Die aufgezeigten Aspekte und die daraus resultierenden Abweichungen können jedoch mit einer ergänzenden Modellkalibrierung behoben werden. So können die Parameter von *actiTopp* für Anwendungsfälle, in denen Vergleichsdaten vorliegen, weiter kalibriert werden. Damit kann bereits mit wenig Aufwand eine bessere Anpassung an die Vergleichsdaten erzielt werden. Im Beispiel Stuttgart lassen sich viele der ermittelten Abweichungen auf die Dauer der Arbeitsaktivitäten sowie die Anzahl an immobilen Tagen zurückführen. Viele Abweichungen lassen sich auch basierend auf Tagesdaten kalibrieren, sodass nicht zwingend Längsschnittdaten von Anwendungsfällen erforderlich sind. Selbst bei einem gänzlichen Fehlen von Vergleichsdaten für einen Planungsraum kann *actiTopp* dennoch gewinnbringend genutzt werden, um Wochenaktivitätenpläne mit den Charakteristika des MOP zu erstellen. Dies bringt in jedem Fall einen Mehrwert für die Modellanwendung, da so mit wenigen Inputdaten Längsschnittdaten der Aktivitätenplanung erzeugt werden können. Die Frage der Kalibrierung muss immer auch vor dem Hintergrund der Referenzdaten analysiert werden. Für Verkehrsnachfragemodelle ist oftmals Alltagsverhalten relevant, das eine gute Abbildung der Verkehrsbelastungen wie der morgendlichen Spitzenstunde, ermöglicht. Es muss daher bedacht werden, ob dafür auf Daten kalibriert werden sollte, die auch in Ferienzeiträumen erhoben wurden. Dennoch dienen die Referenzerhebungen dazu, regionalspezifische Charakteristika abbilden zu können. Diese von Unterschieden der diskutierten Charakteristika zu trennen, ist jedoch eine schwierige Aufgabe. Die Gesamtperformance von *actiTopp* sollte demnach immer vor den beschriebenen Aspekten diskutiert und analysiert werden.

6 Zusammenfassung und Ausblick

6.1 Zusammenfassung

Die vorliegende Arbeit hat gezeigt, dass es für die Verkehrsnachfragemodellierung sinnvoll ist, auch Längsschnittperspektiven und damit wichtige Aspekte des Verkehrsverhaltens abzubilden. Am Beispiel der Aktivitätenplanung wurde auf Basis von Literaturuntersuchungen und eigenen empirischen Analysen verdeutlicht, dass es im Verlauf einer Woche viele Entscheidungen über Quantität, Reihenfolge oder Dauer von Aktivitäten gibt, die nicht von Tag zu Tag unterschiedlich sind, sondern einer intrapersonellen Stabilität unterliegen. Gleichzeitig wird sehr selten exakt der gleiche Aktivitätenplan an mehreren Tagen wiederholt. Zur korrekten Abbildung dieser Aspekte sind Verkehrsnachfragemodelle für Zeiträume, die über einen Tag hinausgehen, unerlässlich. Sie ermöglichen tiefere Erkenntnisse zum Verständnis des Entscheidungsverhaltens sowie neue Möglichkeiten der Bewertung von Planungsmaßnahmen. Die in der Arbeit durchgeführten empirischen Analysen haben gezeigt, dass in der Aktivitätenplanung eine Vielzahl von Einzelentscheidungen zu treffen sind. Diese ergeben in der Gesamtheit die in der Woche durchzuführenden Aktivitäten, also den Wochenaktivitätenplan. Empirisch und aus der Literatur konnten vor allem der Erwerbsstatus der Personen, der Wochentag und der Zweck von Aktivitäten als wichtige Einflussfaktoren ermittelt werden.

Die Arbeit präsentierte das Modell *actiTopp*, dass die Erkenntnisse der Literatur und Empirie für die Aktivitätenplanung im Rahmen der Verkehrsnachfragemodellierung umsetzt. *actiTopp* ist ein Modell zum Erzeugen von Wochenaktivitätenplänen. Basierend auf den Daten des Deutschen Mobilitätspanels erstellt es Wochenaktivitätenpläne für beliebige Planungsräume und Bevölkerungszusammensetzungen. Aspekte der intrapersonellen Stabilität wie die täglich ähnliche Dauer für Arbeitsaktivitäten oder der morgendliche Arbeitszeitbeginn werden im Modell explizit berücksichtigt. Des Weiteren wurden erste Modellansätze zur Abbildung gemeinsamer Wege und Aktivitäten mehrerer Haushaltsmitglieder präsentiert. Aktivitätenpläne werden in *actiTopp* aus einer Vielzahl von Einzelentscheidungen, bspw. zu Anzahl, Zweck, Dauer oder Startzeit der Aktivitäten, zusammengesetzt. Zur Abbildung des Entscheidungsverhaltens der Personen werden im Modell hauptsächlich logistische Regressionsverfahren eingesetzt, die auch in anderen Bereichen der Verkehrsnachfragemodellierung verbreitet sind. Diese werden für die Modellierung minutengenauer Aktivitätendauern und von Startzeiten für Touren an einigen Stellen Modells mit gewichteten Zufallszahlenziehungen kombiniert. Die Validierung des Modells mit Daten des Deutschen Mobilitätspanels zeigte in vielen Bereichen eine sehr gute Übereinstimmung der modellierten Pläne mit den empirisch erhobenen. Dies gilt sowohl intrapersonell, also für einzelne Personen wie auch interpersonell für die Gesamtheit der Pläne über alle Personen. In zwei Anwendungsfällen wurde das Modell für die Regionen Stuttgart und Karlsruhe getestet. In beiden Fällen standen dafür vom Deutschen Mobilitätspanel unabhängige Datenerhebungen zur Verfügung. Das Modell *actiTopp* konnte hier zeigen, dass es unterschiedliche Zusammensetzungen der Personen in der zu modellierenden Stichprobe gut abbilden kann und die Modellergebnisse sensitiv hinsichtlich dieser Zusammensetzung sind. So wurden sowohl in Stuttgart als auch in Karlsruhe bspw. mehr Bildungsaktivitäten modelliert, da der Anteil an Schüler(inne)n und Studierenden höher war als in den Daten des Deutschen Mobilitätspanels, die zur Modellentwicklung genutzt wurden. Dennoch zeigten sich auch die Grenzen der Anwendbarkeit des Modells. Der Vergleich mit Erhebungsdaten aus Stuttgart und Karlsruhe erwies sich teilweise als schwierig und offenbarte an einigen Stellen deutlichere Abweichungen als in der Modellvalidierung mit Daten des Deutschen Mobilitätspanels. Diese ließen sich mit erhebungsspezifischen Unterschieden in den Erhebungen (bspw. Erhebungszeiträume in den Ferien) und regionalspezifischen Charakteristika erklären, die nicht vollständig abgebildet werden konnten. Eine Modellkalibrierung mit lokal gültigen Daten kann hier eine noch bessere Modellierung ermöglichen.

6.2 Ausblick und weiterer Forschungsbedarf

Aufgrund der Vielfalt des Entscheidungsprozesses der Aktivitätenwahl ist die Liste der Möglichkeiten zur Modellerweiterung und der Abbildung weiterer Verhaltensaspekte von *actiTopp* groß. Eine der wichtigsten ist die Erweiterung der Bewertungsmöglichkeiten von Planungsmaßnahmen. Veränderungen aus anderen Bereichen der Nachfragemodellierung wie der Ziel-, Verkehrsmittel- oder Routenwahl sollten auch als Rückkopplungen auf Aspekte der Aktivitätenwahl abgebildet werden. Durch die Rückkopplungen wären auch Mechanismen zur Aktivitätenverschiebung realisierbar („Wenn ich heute aufgrund von Staus verspätet heimkomme, verschiebe ich den geplanten Einkauf auf den nächsten Tag"). Deren Abbildung würde die Realität in der gesamten Kette der Verkehrsnachfragemodellierung weiter verbessern. Weitere Optimierungen sind auch bei der Abbildung von Stabilitätsaspekten möglich. In der Validierung konnten insgesamt zwar gute Ergebnisse erzielt werden. Es zeigte sich dennoch, dass einige Aspekte der intrapersonellen Verhaltensstabilität noch unberücksichtigt bleiben. So sollten Stabilitätsaspekte auch für Rentner(innen) stärker untersucht und modelliert werden. Diese wiederholen bspw. häufiger die gleichen Aktivitätenpläne an mehreren Tagen, was bisher von *actiTopp* nicht einwandfrei abgebildet wird. Gleichzeitig wurde gezeigt, dass die Auswertemöglichkeiten zur Identifizierung von Aspekten der Stabilität nahezu beliebig erweiterbar sind. Insbesondere die Aktivitätenreihenfolge, die mit den bisherigen Analysemethoden wenig stabile Aspekte aufweist, könnte mit weiteren Methoden der Sequenzanalyse oder anderen Kennzahlen vertieft betrachtet werden. Weitere Untersuchungen könnten zur Übertragbarkeit der Aktivitätenpläne auf Personen unter zehn Jahren, die durch die Stichprobe des Deutschen Mobilitätspanels nicht berücksichtigt werden, durchgeführt werden. Auch die Verbesserung der Güte der Inputdaten, insbesondere die Trennung von Schüler(inne)n und Studierenden könnte eine Modellverbesserung ermöglichen. Modellansätze zu gemeinsamen Wegen und Aktivitäten sollten vertieft werden (siehe auch Abschnitt 4.5.3). Das Potenzial der Stichprobe des Deutschen Mobilitätspanels kann weiter untersucht und für die Aktivitätenplanung genutzt werden. Die fortlaufende Zeitreihe der Stichprobe wurde mit dem aktuellen Modellstand bisher nicht berücksichtigt. Die Daten könnten untersucht werden, um auch Unterschiede im Verlauf der Jahre zu ermitteln, wodurch sich gegebenenfalls Möglichkeiten zur Zukunftsprognose bieten. Dies kann interpersonell über die Jahrgänge des gesamten Panels, jedoch auch intrapersonell über einzelne Personen erfolgen. Erste Arbeiten auf dem Gebiet wurden bereits veröffentlicht (Hilgert et al. 2018b).

Trotz aller denkbaren Erweiterungsmöglichkeiten wurde mit der aktuellen Version von *actiTopp* bereits eine flexible Möglichkeit zur Erzeugung von Wochenaktivitätenplänen geschaffen. Die Aktivitätenpläne decken bereits viele Verhaltensaspekte ab, die sich durch die Betrachtung der Längsschnittperspektive zeigen. Das Modell lässt sich leicht in Verkehrsnachfragemodellierungsprozesse integrieren und ermöglicht die Abbildung der Auswirkungen aktueller und zukünftiger Fragestellungen der Verkehrsplanung wie bspw. veränderter Arbeitszeitmodelle. Insbesondere durch die Integration der Längsschnittperspektive stellt es eine Bereicherung der Modelllandschaft der Verkehrsnachfragemodellierung dar.

Literaturverzeichnis

Adnan, Muhammad; Pereira, Francisco P.; Azevedo, Carlos Miguel Lima; Basak, Kakali; Lovric, Milan; Raveau, Sebastian et al. (2016): SimMobility: A Multiscale Integrated Agent-Based Simulation Platform. In: Transportation Research Board (Hg.): *TRB 95th Annual Meeting Compendium of Papers.* Washington, D.C.

Algers, Staffan; Daly, Andrew; Kjellman, Per; Widlert, Staffan (1995): Stockholm Model System (SIMS): Application. Volume 2: Modelling Transport Systems. In: Elsevier (Hg.): *World Transport Research. Proceedings of the 7th World Conference on Transport Research.* World Transport Research. Proceedings of the 7th World Conference on Transport Research. Sydney, S. 345-361.

Arentze, Theo; Hofman, Frank; van Mourik, Henk; Timmermans, Harry (2000): ALBATROSS: Multiagent, Rule-Based Model of Activity Pattern Decisions. In: *Transportation Research Record* (1706), S. 136-144. DOI: 10.3141/1706-16.

Auld, Joshua; Hope, Michael; Ley, Hubert; Sokolov, Vadim; Xu, Bo; Zhang, Kuilin (2016): POLARIS. Agent-based modeling framework development and implementation for integrated travel demand and network and operations simulations. In: *Transportation Research Part C: Emerging Technologies* 64, S. 101-116. DOI: 10.1016/j.trc.2015.07.017.

Auld, Joshua; Mohammadian, Abolfazl (2009): Framework for the development of the Agent-based Dynamic Activity Planning and Travel Scheduling (ADAPTS) model. In: *Transportation Letters: The International Journal of Transportation Research* 1 (3), S. 245-255. DOI: 10.3328/TL.2009.01.03.245-255.

Axhausen, Kay W.; Zimmermann, Andrea; Schönfelder, Stefan; Rindsfüser, Guido; Haupt, Thomas (2002): Observing the rhythms of daily life: A six-week travel diary. In: *Transportation* 29 (2), S. 95-124. DOI: 10.1023/A:1014247822322.

Backhaus, Klaus; Erichson, Bernd; Plinke, Wulff; Weiber, Rolf (2016): Multivariate Analysemethoden. Eine anwendungsorientierte Einführung. 14., überarbeitete und aktualisierte Auflage. Berlin, Heidelberg: Springer Gabler. DOI: 10.1007/978-3-662-46076-4.

Bayarma, Alexander; Kitamura, Ryuichi; Susilo, Yusak O. (2007): On the Recurrence of Daily Travel Patterns: A Stochastic-Process Approach to Multi-Day Travel Behavior. In: Transportation Research Board (Hg.): *TRB 86th Annual Meeting Compendium of Papers.* Washington, D.C.

Becker, Gary S. (1965): A Theory of the Allocation of Time. In: *The Economic Journal* 75 (299), S. 493-517. DOI: 10.2307/2228949.

Ben-Akiva, M.E; Adler, T. J.; Jacobson, J.; Manheim, M. L. (1977): Experiments to Clarify Priorities in Urban Travel Forecasting Research and Development. Cambridge, Massachusetts (CTS report, 77-24).

Ben-Akiva, Moshe; Bowman, John L. (1998): Activity Based Travel Demand Models Systems. In: Patrice Marcotte und Sang Nguyen (Hg.): *Equilibrium and Advanced Transportation Modeling*. Boston, MA: Springer (Centre for Research on Transportation). DOI: 10.1007/978-1-4615-5757-9.

Bhat, C. R.; Guo, J. Y.; Srinivasan, S.; Sivakumar, A. (2004): A Comprehensive Econometric Micro-simulator for Daily Activity-travel Patterns (CEMDAP). In: *Transportation Research Record* (1894), S. 57-66. DOI: 10.3141/1894-07.

Bhat, Chandra R.; Koppelman, Frank S. (1993): A conceptual framework of individual activity program generation. In: *Transportation Research Part A: Policy and Practice* 27 (6), S. 433-446. DOI: 10.1016/0965-8564(93)90050-U.

Bhat, Chandra R.; Pendyala, Ram M. (2005): Modeling intra-household interactions and group decision-making. In: *Transportation* 32 (5). DOI: 10.1007/s11116-005-6789-x.

Bowman, J.L; Ben-Akiva, M.E (2000): Activity-based disaggregate travel demand model system with activity schedules. In: *Transportation Research Part A: Policy and Practice* 35 (1), S. 1-28. DOI: 10.1016/S0965-8564(99)00043-9.

Bowman, John L. (1998): The Day Activity Schedule Approach to Travel Demand Analysis. Doctor of Philosophy Theses. Massachusetts Institute of Technology, Boston, MA. Online verfügbar unter http://hdl.handle.net/1721.1/16731, zuletzt geprüft am 05.03.2019.

Bowman, John L. (2009): Historical Development of Activity Based Model Theory and Practice – Vorabpublikation (Traffic Engineering and Control, Vol. 50, 2 & 7). Online verfügbar unter http://jbowman.net/papers/2009.Bowman.Historical_dev_of_AB_model_theory_and_practice.pdf, zuletzt geprüft am 14.01.2019.

Bradley, Marc; Bowman, John L. (2006): A Summary of Design Features of Activity-Based Microsimulation Models for U.S. MPOs. In: *White Paper for the Conference on Innovations in Travel Demand Modeling.* Conference on Innovations in Travel Demand Modeling. Austin, Texas.

Bradley, Mark; Vovsha, Peter (2005): A model for joint choice of daily activity pattern types of household members. In: *Transportation* 32 (5), S. 545-571. DOI: 10.1007/s11116-005-5761-0.

Briem, Lars; Buck, H. Sebastian; Mallig, Nicolai; Vortisch, Peter; Strasser, Ben; Wagner, Dorothea; Zündorf, Tobias (2017): Integrating public transport into mobiTopp. In: *Procedia Computer Science* (109), S. 855-860. DOI: 10.1016/j.procs.2017.05.401.

Briem, Lars; Mallig, Nicolai; Vortisch, Peter (2019): Creating an integrated agent-based travel demand model by combining mobiTopp and MATSim. In: *Procedia Computer Science* (151), S. 776-781. DOI: 10.1016/j.procs.2019.04.105.

Buliung, Ron N.; Roorda, Matthew J.; Remmel, Tarmo K. (2008): Exploring spatial variety in patterns of activity-travel behaviour: initial results from the Toronto Travel-Activity Panel Survey (TTAPS). In: *Transportation* 35 (6), S. 697-722. DOI: 10.1007/s11116-008-9178-4.

Castiglione, Joe; Bradley, Mark; Gliebe, John (2014): Activity-Based Travel Demand Models: A Primer. Washington, D.C.: Transportation Research Board. DOI: 10.17226/22357.

Chandrasekharan, B.; Goulias, K. G. (1999): Exploratory Longitudinal Analysis of Solo and Joint Trip Making Using the Puget Sound Transportation Panel. In: *Transportation Research Record* (1676), S. 77-85. DOI: 10.3141/1676-10.

Chapin, Francis Stuart (1974): Human activity patterns in the city. Things people do in time and in space. New York: Wiley (A Wiley-interscience publication).

Chlond, Bastian; Wirtz, Matthias; Zumkeller, Dirk (2013): Do Drop-Outs Really Hurt? – Considerations About Data Quality and Completeness in Combined Multiday and Panel Surveys. In: Johanna P. Zmud, Martin Lee-Gosselin, Marcela A. Munizaga und Juan Antonio Carrasco (Hg.): *Transport survey methods.* Best practice for decision making. First edition. Bingley: Emerald.

Cornick, Peter; Byron, Christos; Templeton, Iain; Hurn, John (2018): National Travel Survey 2017 – Technical Report. Hg. v. NatCen Social Research. Online verfügbar unter https://assets.publishing.service.gov.uk/government/uploads/system/uploads/attachment_data/file/729525/nts-technical-report-2017.pdf, zuletzt geprüft am 25.02.2019.

Daly, A. J.; van der Valk, J.; Van Zwam, H. H. P. (1983): Application of Disaggregate Models for a Regional Transportation Study in the Netherlands. In: *Proceedings of the World Conference on Transport Research.* World Conference on Transport Research: Research for Transport Policies in a Changing World. Hamburg, S. 236-251.

Damerau, Fred. J. (1964): A technique for computer detection and correction of spelling errors. In: *Communications of the ACM* 7 (3), S. 171-176. DOI: 10.1145/363958.363994.

Davidson, William; Donnelly, Robert; Vovsha, Peter; Freedman, Joel; Ruegg, Steve; Hicks, Jim et al. (2007): Synthesis of first practices and operational research approaches in activity-based travel demand modeling. In: *Transportation Research Part A: Policy and Practice* 41 (5), S. 464-488. DOI: 10.1016/j.tra.2006.09.003.

Davidson, William; Vovsha, Peter; Freedman, Joel; Donnelly, Richard (2010): CT-RAMP Family of Activity-Based Models. In: *Australasian Transport Research Forum 2010 Proceedings*.

Dianat, Leila; Habib, Khandker Nurul; Miller, Eric J. (2017): Two-Level, Dynamic, Week-Long Work Episode Scheduling Model. In: *Transportation Research Record* (2664), S. 59-68. DOI: 10.3141/2664-07.

Doherty, Sean T.; Miller, Eric J.; Axhausen, Kay W. (2002): A conceptual model of the weekly household activity/travel scheduling process. In: Eliahu Stern, Ilan Salomon und Piet Bovy (Hg.): *Travel Behaviour:* Edward Elgar Publishing. DOI: 10.4337/9781781951187.00023.

Eisenmann, Christine; Chlond, Bastian; Hilgert, Tim; von Behren, Sascha; Vortisch, Peter (2018): Deutsches Mobilitätspanel (MOP) – Wissenschaftliche Begleitung und Auswertungen, Bericht 2016/2017: Alltagsmobilität und Fahrleistung. Institut für Verkehrswesen (KIT). Karlsruhe. DOI: 10.5445/IR/1000087238.

FGSV (o.J.): Begriffsbestimmungen – Teil: Verkehrsplanungen, Straßenentwurf, Straßenbetrieb. [Entwurf der Neufassung]. Hg. v. Forschungsgesellschaft für Straßen- und Verkehrswesen e.V., Querschnittsausschuss Begriffsbestimmungen. Köln.

FGSV (2012): Empfehlungen für Verkehrserhebungen – EVE. Hg. v. Forschungsgesellschaft für Straßen- und Verkehrswesen e.V., Arbeitsgruppe Verkehrsplanung, Arbeitsausschuss: Erhebung und Prognose des Verkehrs, Arbeitskreis: Neufassung der EVE. Köln.

FGSV (2017): Multi- und Intermodalität: Hinweise zur Umsetzung und Wirkung von Maßnahmen im Personenverkehr. Teilpapier 1: Definitionen. Hg. v. Forschungsgesellschaft für Straßen- und Verkehrswesen e.V., Arbeitsgruppe Verkehrsplanung, Arbeitsausschuss Erhebung und Prognose des Verkehrs, Arbeitskreis Multi- und Intermodalität. Köln.

Habib, Khandker M. N.; Miller, Eric J. (2008): Modelling daily activity program generation considering within-day and day-to-day dynamics in activity-travel behaviour. In: *Transportation* 35 (4), S. 467-484. DOI: 10.1007/s11116-008-9166-8.

Hägerstrand, Torsten (1970): WHAT ABOUT PEOPLE IN REGIONAL SCIENCE? In: *Papers in Regional Science* 24 (1), S. 7-24. DOI: 10.1111/j.1435-5597.1970.tb01464.x.

Hamming, R. W. (1950): Error Detecting and Error Correcting Codes. In: *Bell System Technical Journal* 29 (2), S. 147-160. DOI: 10.1002/j.1538-7305.1950.tb00463.x.

Hanson, Susan; Huff, James (1982): ASSESSING DAY-TO-DAY VARIABILITY IN COMPLEX TRAVEL PATTERNS. In: *Transportation Research Record* (891), S. 18-24.

Hanson, Susan; Huff, James (1988): Systematic variability in repetitous travel. In: *Transportation* 15 (1-2), S. 111-135. DOI: 10.1007/BF00167983.

Hautzinger, Heinz; Kagerbauer, Martin; Mallig, Nicolai; Pfeiffer, Manfred; Zumkeller, Dirk (2013): Mikromodellierung für die Region Stuttgart – Schlussbericht. Hg. v. INOVAPLAN GmbH, Institut für Verkehrswesen am Karlsruher Institut für Technologie (KIT), Institut für angewandte Verkehrs- und Tourismusforschung e.V.

Heggie, I. G. (1978): Putting Behaviour into Behavioural Models of Travel Choice. In: *The Journal of the Operational Research Society* 29 (6), S. 541-550.

Heilig, Michael; Mallig, Nicolai; Hilgert, Tim; Kagerbauer, Martin; Vortisch, Peter (2017): Entwicklung eines kombinierten Ziel- und Verkehrsmittelwahlmodells für das Multi-Agenten-Modell mobiTopp. In: Forschungsgesellschaft für Straßen- und Verkehrswesen (FGSV) (Hg.): *HEUREKA '17. Optimierung in Verkehr und Transport.* HEUREKA. Stuttgart. Köln: FGSV.

Heilig, Michael; Mallig, Nicolai; Schröder, Ole; Kagerbauer, Martin; Vortisch, Peter (2018): Implementation of free-floating and station-based carsharing in an agent-based travel demand model. In: *Travel Behaviour and Society* (12), S. 151-158. DOI: 10.1016/j.tbs.2017.02.002.

Hilgert, Tim (2019): Parameter des Modells actiTopp zur Erstellung von Wochenaktivitätenplänen für Verkehrsnachfragemodelle. Forschungsdaten. Institut für Verkehrswesen (IFV). DOI: 10.5445/IR/1000091772.

Hilgert, Tim; Heilig, Michael; Kagerbauer, Martin; Vortisch, Peter (2017a): Modeling Week Activity Schedules for Travel Demand Models. In: *Transportation Research Record* (2666), S. 69-77. DOI: 10.3141/2666-08.

Hilgert, Tim; Kagerbauer, Martin; Heilig, Michael; Vortisch, Peter (2017b): Modellierung von Wochenaktivitätenplänen für das Multi-Agenten-Modell mobiTopp. In: *Straßenverkehrstechnik* (6), S. 371-380.

Hilgert, Tim; Kagerbauer, Martin; Schuster, Thomas; Becker, Christoph (2016a): Optimization of Individual Travel Behavior through Customized Mobility Services and their Effects on Travel Demand and Transportation Systems. In: *Transportation Research Procedia* (19), S. 58-69. DOI: 10.1016/j.trpro.2016.12.068.

Hilgert, Tim; Kagerbauer, Martin; Vortisch, Peter (2018a): Considering joint trips and activities in week activity schedules. In: Transportation Research Board (Hg.): *TRB 97th Annual Meeting Compendium of Papers.* Washington, D.C.

Hilgert, Tim; von Behren, Sascha; Eisenmann, Christine; Vortisch, Peter (2018b): Are Activity Patterns Stable or Variable? Analysis of Three-Year Panel Data. In: *Transportation Research Record*. DOI: 10.1177/0361198118773557.

Hilgert, Tim; Weiss, Christine; Kagerbauer, Martin; Chlond, Bastian; Vortisch, Peter (2016b): Stability and Flexibility in Commuting Behavior – Analyses of Mode Choice Patterns in Germany. In: Transportation Research Board (Hg.): *TRB 95th Annual Meeting Compendium of Papers.* Washington, D.C.

Hirsh, Moshe; Prashkea, Joseph N.; Ben-Akiva, Moshe (1986): Dynamic Model of Weekly Activity Pattern. In: *Transportation Science* 20 (1), S. 24-36. DOI: 10.1287/trsc.20.1.24.

Hoogendoorn-Lanser, Sascha; Schaap, Nina T.W.; Olde Kalter, Marie-José (2015): The Netherlands Mobility Panel: An Innovative Design Approach for Web-based Longitudinal Travel Data Collection. In: *Transportation Research Procedia* 11, S. 311-329. DOI: 10.1016/j.trpro.2015.12.027.

Horni, Andreas; Axhausen, Kay W. (2012): MATSim Agent Heterogeneity and a One-Week Scenario. Institute for Transport Planning and Systems (IVT), ETH. Zurich (Working Paper Transport and Spatial Planning, 836).

Horni, Andreas; Nagel, Kai; Axhausen, Kay W. (Hg.) (2016): The Multi-Agent Transport Simulation MATSim.

Hosangadi, Sandeep (2012): Distance Measures for Sequences. Online verfügbar unter http://arxiv.org/pdf/1208.5713v1, zuletzt geprüft am 05.03.2019.

Huff, James O.; Hanson, Susan (1986): Repetition and Variability in Urban Travel. In: *Geographical Analysis* 18 (2), S. 97-114. DOI: 10.1111/j.1538-4632.1986.tb00085.x.

Joh, Chang-Hyeon; Arentze, Theo A.; Timmermans, Harry J.P. (2001): Multidimensional Sequence Alignment Methods for Activity-Travel Pattern Analysis: A Comparison of Dynamic Programming and Genetic Algorithms. In: *Geographical Analysis* 33 (3), S. 247-270. DOI: 10.1111/j.1538-4632.2001.tb00447.x.

Jones, P. M.; Dix, M. C.; Clarke, M. I.; Heggie, I. G. (1983): Understanding travel behaviour. Aldershot, Hampshire, England: Gower (Oxford studies in transport).

Jones, Peter; Clarke, Mike (1988): The significance and measurement of variability in travel behaviour. In: *Transportation* 15 (1-2), S. 65-87. DOI: 10.1007/BF00167981.

Jones, Peter M. (1979): Chapter 2: New Approaches to Understanding Travel Behaviour: The Human Activity Approach. In: David A. Hensher und Peter R. Stopher (Hg.): *Behavioural travel modelling*. London: Croom Helm, S. 55-80.

Jou, Rong-Chang; Mahmassani, Hani S. (1997): Comparative Analysis of Day-to-Day Trip-Chaining Behavior of Urban Commuters in Two Cities. In: *Transportation Research Record* (1607), S. 163-170. DOI: 10.3141/1607-22.

Kagerbauer, Martin; Mallig, Nicolai; Vortisch, Peter; Pfeiffer, Manfred (2015): Modellierung von Variabilität und Stabilität des Verkehrsverhaltens im Längsschnitt mit Hilfe der Multi-Agenten-Simulation mobiTopp. In: *Straßenverkehrstechnik* 2015 (6), S. 375-384.

Kang, Hejun; Scott, Darren M. (2010): Exploring day-to-day variability in time use for household members. In: *Transportation Research Part A: Policy and Practice* 44 (8), S. 609-619. DOI: 10.1016/j.tra.2010.04.002.

Kitamura, Ryuichi (1988): An evaluation of activity-based travel analysis. In: *Transportation* 15 (1-2). DOI: 10.1007/BF00167973.

Kitamura, Ryuichi; Pas, Eric I.; Lula, Clarisse V.; Lawton, T. Keith; Benson, Paul E. (1996): The sequenced activity mobility simulator (SAMS): an integrated approach to modeling transportation, land use and air quality. In: *Transportation* 23 (3), 267-291. DOI: 10.1007/BF00165705.

Kitamura, Ryuichi; van der Hoorn, Toon (1987): Regularity and irreversibility of weekly travel behavior. In: *Transportation* 14 (3), S. 227-251. DOI: 10.1007/BF00837531.

Kunert, Uwe (1992): Individuelles Verkehrsverhalten im Wochenverlauf. Berlin: Duncker & Humblot (Deutsches Institut für Wirtschaftsforschung – Beiträge zur Strukturforschung, 130).

Lee, Jae Hyun; Davis, Adam; Yoon, Seo Youn; Goulias, Konstadinos G. (2017): Exploring Daily Rhythms of Interpersonal Contacts. Time of Day Dynamics of Human Interactions Using Latent Class Cluster Analysis. In: Transportation Research Board (Hg.): *TRB 96th Annual Meeting Compendium of Papers.* Washington, D.C.

Levenshtein, V. I. (1966): Binary codes capable of correcting deletions, insertions, and reversals. Englische Übersetzung aus dem Russischen. In: *Soviet Physics Doklady* 10 (8). Online verfügbar unter https://nymity.ch/sybilhunting/pdf/Levenshtein1966a.pdf.

Linder, Staffan Burenstam (1971): The harried leisure class. 4. print: Columbia University Press (A Columbia-paperback).

Lipps, Oliver (2001): Modellierung der individuellen Verhaltensvariationen bei der Verkehrsentstehung. Dissertation. Karlsruhe (Schriftenreihe des Instituts für Verkehrswesen, 58).

Löchl, Michael (2005): Stability of Travel Behaviour: Thurgau 2003. IVT, ETH Zürich (Travel Survey Metadata Series). DOI: 10.3929/ethz-b-000066687.

Mallig, Nicolai (2019): Modellierung von Stabilität in der Verkehrsmittelwahl in einem mikroskopischen Verkehrsnachfragemodell. Dissertation. Karlsruher Institut für Technologie, Karlsruhe. Institut für Verkehrswesen. DOI: 10.5445/IR/1000091993.

Mallig, Nicolai; Heilig, Michael; Weiss, Christine; Chlond, Bastian; Vortisch, Peter (2016): Modelling the weekly electricity demand caused by electric cars. In: *Future Generation Computer Systems* 64, S. 140-150. DOI: 10.1016/j.future.2016.01.014.

Mallig, Nicolai; Kagerbauer, Martin; Vortisch, Peter (2013): mobiTopp – A Modular Agent-based Travel Demand Modelling Framework. In: *Procedia Computer Science* 19, S. 854-859. DOI: 10.1016/j.procs.2013.06.114.

Mallig, Nicolai; Vortisch, Peter (2017): Measuring Stability of Mode Choice Behavior. In: *Transportation Research Record* (2664), S. 1-10. DOI: 10.3141/2664-01.

Marble, Duane F. (1959): TRANSPORT INPUTS AT URBAN RESIDENTIAL SITES. In: *Papers in Regional Science* 5 (1), S. 253-266. DOI: 10.1111/j.1435-5597.1959.tb01681.x.

Märki, Fabian (2014): An Agent-Based Model for Continuous Activity Planning of Multi-Week Scenarios. Dissertation. ETH Zurich, Zurich. IVT. DOI: 10.3929/ethz-a-010109528.

Miller, Eric J.; Roorda, Matthew J. (2003): Prototype Model of Household Activity-Travel Scheduling. In: *Transportation Research Record* (1831), S. 114-121. DOI: 10.3141/1831-13.

omniphon GmbH (2012): Mobilitätsverhalten 2012 – Stadt Karlsruhe. Bericht vom 06.09.2012. omniphon GmbH.

Ordonez M., Sergio A.; Erath, Alexander; Axhausen, Kay W. (2012): Simulating urban transport for a week time horizon. Hg. v. Institute for Transport Planning and Systems (IVT). ETH Zurich. Zurich (Working paper Future Cities Laboratory). DOI: 10.3929/ethz-b-000305201.

Ortúzar, Juan de Dios; Willumsen, Luis G. (2011): Modelling Transport. 4th ed. Hoboken: John Wiley & Sons. DOI: 10.1002/9781119993308.

Pas, E. I. (1984): The Effect of Selected Sociodemographic Characteristics on Daily Travel-Activity Behavior. In: *Environment and Planning A* 16 (5), S. 571-581. DOI: 10.1068/a160571.

Pas, Eric I. (1987): Intrapersonal variability and model goodness-of-fit. In: *Transportation Research Part A: General* 21 (6), S. 431-438. DOI: 10.1016/0191-2607(87)90032-X.

Pas, Eric I.; Koppelman, Frank S. (1986): An examination of the determinants of day-to-day variability in individuals' urban travel behavior. In: *Transportation* 13 (2), S. 183-200. DOI: 10.1007/BF00165547.

Pas, Eric I.; Sundar, Subramanian (1995): Intrapersonal variability in daily urban travel behavior: Some additional evidence. In: *Transportation* 22 (2), S. 135-150. DOI: 10.1007/BF01099436.

Pinjari, Abdul Rawoof; Bhat, Chandra R. (2011): Chapter 10: Activity-Based Travel Demand Analysis. In: Andre de Palma, Robin Lindsey und Emile Quinet (Hg.): *A Handbook of Transport Economics*. Cheltenham: Edward Elgar Publishing. DOI: 10.4337/9780857930873.00017.

Přibyl, Ondřej; Goulias, Konstadinos (2005): Simulation of Daily Activity Patterns Incorporating Interactions Within Households. Algorithm Overview and Performance. In: *Transportation Research Record* (1926), S. 135-141. DOI: 10.3141/1926-16.

Puget Sound Regional Council (2018a): Household Travel Survey Program. Online verfügbar unter https://www.psrc.org/household-travel-survey-program, zuletzt geprüft am 21.12.2018.

Puget Sound Regional Council (2018b): Puget Sound Transportation Panel Survey, 1989-2002. Online verfügbar unter https://www.psrc.org/puget-sound-transportation-panel-survey-1989-2002, zuletzt geprüft am 21.12.2018.

Rasouli, Soora; Kim, Seheon; Yang, Dujuan (2018): Albatross IV: From Single Day to Multi Time Horizon Travel Demand Forecasting. In: Transportation Research Board (Hg.): *TRB 97th Annual Meeting Compendium of Papers.* Washington, D.C.

Raux, Charles; Ma, Tai-Yu; Cornelis, Eric (2016): Variability in daily activity-travel patterns: the case of a one-week travel diary. In: *European Transport Research Review* 8 (26). DOI: 10.1007/s12544-016-0213-9.

Recker, W. W.; McNally, M. G.; Root, G. S. (1986a): A model of complex travel behavior: Part I — Theoretical development. In: *Transportation Research Part A* (4), S. 307-318.

Recker, W. W.; McNally, M. G.; Root, G. S. (1986b): A model of complex travel behavior: Part II — An Operational Model. In: *Transportation Research Part A* (4), S. 319-330.

Roorda, Matthew J.; Miller, Eric J.; Habib, Khandker M.N. (2008): Validation of TASHA: A 24-h activity scheduling microsimulation model. In: *Transportation Research Part A: Policy and Practice* 42 (2), S. 360-375. DOI: 10.1016/j.tra.2007.10.004.

Ruiter, Earl R.; Ben-Akiva, Moshe (1978): DISAGGREGATE TRAVEL DEMAND MODELS FOR THE SAN FRANCISCO BAY AREA. SYSTEM STRUCTURE, COMPONENT MODELS, AND APPLICATION PROCEDURES. In: *Transportation Research Record* (673), S. 121-137.

Schlich, Robert (2004): Verhaltenshomogene Gruppen in Längsschnitterhebungen. Dissertation. ETH Zürich, Zürich. IVT. DOI: 10.3929/ethz-a-004794138.

Schlich, Robert; Axhausen, Kay W. (2003): Habitual travel behaviour: Evidence from a six-week travel diary. In: *Transportation* 30 (1), S. 13-36. DOI: 10.1023/A:1021230507071.

Schlich, Robert; König, Arnd; Axhausen, Kay (2000): Stabilität und Variabilität im Verkehrsverhalten. In: *Straßenverkehrstechnik* (9), S. 431-440.

Schönfelder, Stefan (2006): Urban rhythms. Modelling the rhythms of individual travel behaviour. Dissertation. ETH Zurich, Zurich. IVT. DOI: 10.3929/ethz-a-005320162.

Srinivasan, Sivaramakrishnan; Bhat, Chandra R. (2008): An exploratory analysis of joint-activity participation characteristics using the American time use survey. In: *Transportation* 35 (3), S. 301-327. DOI: 10.1007/s11116-007-9155-3.

Statistisches Bundesamt (2015): Wie die Zeit vergeht. Ergebnisse zur Zeitverwendung in Deutschland 2012/2013. Wiesbaden.

Streit, Tatjana; Allier, Charles-Elie; Weiss, Christine; Chlond, Bastian; Vortisch, Peter (2015): Changes in Variability and Flexibility of Individual Travel in Germany. In: *Transportation Research Record* (2496), S. 10-19. DOI: 10.3141/2496-02.

van Wissen, L. J. G.; Meurs, H. J. (1989): The Dutch mobility panel: Experiences and evaluation. In: *Transportation* 16 (2), S. 99-119. DOI: 10.1007/BF00163111.

van Wissen, Leo J. (1991): A Model of Household Interactions in Activity Patterns. Working Paper. The University of California Transportation Center (Working paper Future Cities Laboratory, 15). Online verfügbar unter https://escholarship.org/uc/item/46q1c44f, zuletzt geprüft am 05.03.2019.

Verband Region Stuttgart (2011): Begleituntersuchungen zur Fortschreibung des Regionalverkehrsplans – Band 1: Mobilität und Verkehr in der Region Stuttgart 2009/2010. Regionale Haushaltsbefragung zum Verkehrsverhalten. Stuttgart (Schriftenreihe Verband Region Stuttgart, 29). Online verfügbar unter https://www.region-stuttgart.org/information-und-download/veroeffentlichungen/schriftenreihe/, zuletzt geprüft am 12.04.2019.

Vovsha, P.; Petersen, E.; Donnelly, R. (2002): Microsimulation in Travel Demand Modeling: Lessons Learned from the New York 'Best Practice' Model. In: *Transportation Research Record* (1805), S. 68-77. DOI: 10.3141/1805-09.

Vovsha, Peter; Bradley, Mark; Bowman, John L. (2005): Activity-based travel forecasting models in the United States: Progress since 1995 and Prospects for the Future. In: H. J. P. Timmermans (Hg.): *Progress in activity-based analysis.* 1st ed. Amsterdam, Boston, Oxford: Elsevier, S. 389-414.

Vovsha, Peter; Petersen, Eric; Donnelly, Robert (2003): Explicit Modeling of Joint Travel by Household Members: Statistical Evidence and Applied Approach. In: *Transportation Research Record* (1831), S. 1-10. DOI: 10.3141/1831-01.

Vovsha, Peter; Petersen, Eric; Donnelly, Robert (2004): Impact of Intrahousehold Interactions on Individual Daily Activity-Travel Patterns. In: *Transportation Research Record* (1898), S. 87-97. DOI: 10.3141/1898-11.

Widmer, Paul; Axhausen, Kay (2001): Aktivitäten-orientierte Personenverkehrsmodelle: Vorstudie. Institut für Verkehrsplanung, Transporttechnik, Strassen- und Eisenbahnbau. Zürich (Arbeitsberichte Verkehrs- und Raumplanung, 70). DOI: 10.3929/ethz-a-004237530.

Wilson, Clarke (1998): Analysis of Travel Behavior Using Sequence Alignment Methods. In: *Transportation Research Record* (1645), S. 52-59. DOI: 10.3141/1645-07.

Ziemke, Dominik; Nagel, Kai; Bhat, Chandra (2015): Integrating CEMDAP and MATSIM to Increase the Transferability of Transport Demand Models. In: *Transportation Research Record* (2493), S. 117-125. DOI: 10.14279/depositonce-7799 [Postprint].

Anhang

A. Modellversionen

Nachfolgend sind die in der Promotionszeit entstandenen Versionen von *actiTopp* beschrieben. Neben der inhaltlichen Entwicklung erfolgten in jeder Version Fehlerbehebungen, technische Optimierungen sowie Verbesserungen der Dokumentation.

Version 1.0
• Erstellung der Aktivitätenpläne auf der Koordinierungsebene Einzelpersonen • Abbildung intrapersoneller Stabilität für Dauern von Aktivitäten und Startzeiten
Version 1.1
• Integration von Pendeldistanzen als zusätzlicher Eingabeparameter • Bessere Berücksichtigung von Zeitpuffern für Wege durch Umrechnung der Pendeldistanzen in Pendelzeiten • Verbesserung einzelner Modellentscheidungen auf Basis der Pendelinformationen (bspw. Dauer der Aktivitäten und Touren pro Tag)

Version 1.2
• Möglichkeit zur Deaktivierung einiger Modellelemente der Stabilität zu Vergleichszwecken
Version 1.3
• Einführung der Haushaltsebene für die Modellierung • Erstellung von Aktivitätenplänen auf der Koordinierungsebene Haushalte • Abbildung gemeinsamer Wege und Aktivitäten mit anderen Haushaltsmitgliedern
Version 1.4
• Einbau neuer Modellteile zur Abbildung intrapersoneller Stabilität für die Anzahl an Touren pro Tag und Aktivitäten pro Tag • Verbesserung einzelner Modellentscheidungen auf Basis der neuen Stabilitätsinformationen
Version 1.41-1.45
• Fehlerbehebungen

B. Codierung der Eingabeparameter

Die zum Teil verwendete Mehrfachcodierung der gleichen Eigenschaft entstammt der Kompatibilität des Modells für verschiedene Anwendungsfälle. Die externen Codierungen selbst werden in *actiTopp* nur bei der Erzeugung der Personen verwendet und spielen danach keine Rolle mehr.

Codierung extern	Codierung intern	Beschreibung
Erwerbsstatus		
1	beruf_vollzeit	Person ist in Vollzeit erwerbstätig
2, 21, 22	beruf_teilzeit	Person ist teilweise berufstätig/teilzeitbeschäftigt
3, 6	beruf_ ohneerwerb	Person ist arbeitslos oder Hausfrau/Hausmann
4, 40, 41, 42	beruf_ schueler	Person ist Schüler(in) oder Studierende(r)
5	beruf_azubi	Person ist in der Berufsausbildung (Lehre etc.)
7	beruf_rentner	Person ist Rentner(in)
Geschlecht		
1	male	Person ist männlich
2	female	Person ist weiblich

Codierung extern	Codierung intern	Beschreibung
Raumtyp des Wohnorts (Raumtypisierung nach GKBIK10-Kennzeichnung)		
1	rural	Gemeinde unter 5 000 Einwohnern
2	provincial	Gemeinde zwischen 5 000 und 50 000 Einwohnern
3	cityoutskirt	Gemeinde über 50 000 Einwohnern, Wohnungslage am Regionsrand
4	metropolitan	Gemeinde zwischen 50 000 und 500 000 Einwohnern, Wohnungslage im Regionskern
5	conurbation	Gemeinde mit mehr als 500 000 Einwohnern, Wohnungslage im Regionskern

C. Hierarchie und Informationen zu allen Modellschritten

Weitere Informationen zu allen Regressionsparametern jedes einzelnen Modellschritts stehen auf dem Portal KITopen in einer aufbereiteten Version zum Download bereit (siehe Hilgert 2019). Alle Modellparameter finden sich zudem in den auf GitHub veröffentlichten Versionen von *actiTopp*.

Schritt	Beschreibung	Informationen	
1	Persönliche Präferenzen zur Abbildung von Stabilitätsaspekten Entscheidungsebene: für jede Person		
A	Geplante Anzahl an Tagen mit der Aktivität Arbeit	Typ: Alternativen: McF-R^2_{const}: McF-R^2_{null}:	LR 8 0,28681 0,46515
B	Geplante Anzahl an Tagen mit der Aktivität Bildung	Typ: Alternativen: McF-R^2_{const}: McF-R^2_{null}:	LR 8 0,50452 0,84980
C	Geplante Anzahl an Tagen mit der Aktivität Freizeit	Typ: Alternativen: McF-R^2_{const}: McF-R^2_{null}:	LR 8 0,01550 0,04143
D	Geplante Anzahl an Tagen mit der Aktivität Einkaufen	Typ: Alternativen: McF-R^2_{const}: McF-R^2_{null}:	LR 8 0,06830 0,13887

Schritt	Beschreibung	Informationen	
E	Geplante Anzahl an Tagen mit der Aktivität Service	Typ: Alternativen: McF-R^2_{const}: McF-R^2_{null}:	LR 8 0,08942 0,45865
F	Geplante Anzahl an immobilen Tagen	Typ: Alternativen: McF-R^2_{const}: McF-R^2_{null}:	LR 8 0,31709 0,62030
K	Mittlere geplante Anzahl an Touren pro Tag	Typ: Alternativen: McF-R^2_{const}: McF-R^2_{null}:	LR 4 0,03987 0,37610
L	Mittlere geplante Anzahl an Aktivitäten pro Tag	Typ: Alternativen: McF-R^2_{const}: McF-R^2_{null}:	LR 6 0,03034 0,28633
2	Zweck der Hauptaktivität Entscheidungsebene: für jeden Tag		
A	Zweck der Hauptaktivität pro Tag	Typ: Alternativen: McF-R^2_{const}: McF-R^2_{null}:	LR 6 0,54021 0,59980

Schritt	Beschreibung	Informationen	
3	Anzahl an Touren Entscheidungsebene: für jeden Tag		
A	Anzahl an Touren vor der Haupttour	Typ: Alternativen: McF-R^2_{const}: McF-R^2_{null}:	LR 6 0,19944 0,70455
B	Anzahl an Touren nach der Haupttour	Typ: Alternativen: McF-R^2_{const}: McF-R^2_{null}:	LR 6 0,19656 0,65258
4	Zweck der Hauptaktivität Entscheidungsebene: für jede Tour		
A	Zweck der Hauptaktivität pro Tour	Typ: Alternativen: McF-R^2_{const}: McF-R^2_{null}:	LR 5 0,24187 0,44441
5	Anzahl an Aktivitäten Entscheidungsebene: für jede Tour		
A	Anzahl an Aktivitäten vor der Hauptaktivität	Typ: Alternativen: McF-R^2_{const}: McF-R^2_{null}:	LR 6 0,12196 0,76522
B	Anzahl an Aktivitäten nach der Hauptaktivität	Typ: Alternativen: McF-R^2_{const}: McF-R^2_{null}:	LR 6 0,15566 0,75542

Schritt	Beschreibung	Informationen	
6	Zweck der Aktivität Entscheidungsebene: für jede Aktivität		
A	Zweck pro Aktivität	Typ: Alternativen: McF-R^2_{const}: McF-R^2_{null}:	LR 5 0,30964 0,40743
7	Wochenzeitbudget pro Aktivitätszweck Entscheidungsebene: für jede Person		
A	Kategorisiertes Wochenzeitbudget für die Aktivität Arbeit	Typ: Alternativen: McF-R^2_{const}: McF-R^2_{null}:	LR 9 0,33581 0,36957
B	Exaktes Wochenzeitbudget für die Aktivität Arbeit	Typ: Alternativen:	WRD *
C	Kategorisiertes Wochenzeitbudget für die Aktivität Bildung	Typ: Alternativen: McF-R^2_{const}: McF-R^2_{null}:	LR 6 0,42395 0,44395
D	Exaktes Wochenzeitbudget für die Aktivität Bildung	Typ: Alternativen:	WRD *
E	Kategorisiertes Wochenzeitbudget für die Aktivität Freizeit	Typ: Alternativen: McF-R^2_{const}: McF-R^2_{null}:	LR 6 0,22543 0,29775
F	Exaktes Wochenzeitbudget für die Aktivität Freizeit	Typ: Alternativen:	WRD *

Schritt	Beschreibung	Informationen	
G	Kategorisiertes Wochenzeitbudget für die Aktivität Einkaufen	Typ: Alternativen: McF-R^2_{const}: McF-R^2_{null}:	LR 5 0,16799 0,18675
H	Exaktes Wochenzeitbudget für die Aktivität Einkaufen	Typ: Alternativen:	WRD *
I	Kategorisiertes Wochenzeitbudget für die Aktivität Service	Typ: Alternativen: McF-R^2_{const}: McF-R^2_{null}:	LR 4 0,10790 0,26881
J	Exaktes Wochenzeitbudget für die Aktivität Service	Typ: Alternativen:	WRD *
8	Dauer der Aktivität Entscheidungsebene: für jede Aktivität		
A	Bestimmung, ob die Aktivität in der Nähe der Standardzeitkategorie liegt	Typ: Alternativen: McF-R^2_{const}: McF-R^2_{null}:	LR 2 0,08169 0,21166
B	Kategorisierte Dauer der Hauptaktivität in Tour 1	Typ: Alternativen: McF-R^2_{const}: McF-R^2_{null}:	LR 15 0,33812 0,38358
C	Exakte Dauer der Hauptaktivität in Tour 1	Typ: Alternativen:	WRD *

Schritt	Beschreibung	Informationen	
D	Kategorisierte Dauer der Hauptaktivität ab Tour 2	Typ: Alternativen: McF-R^2_{const}: McF-R^2_{null}:	LR 15 0,24750 0,42943
E	Exakte Dauer der Hauptaktivität ab Tour 2	Typ: Alternativen:	WRD *
J	Kategorisierte Dauer der Vor- und Nachaktivitäten	Typ: Alternativen: McF-R^2_{const}: McF-R^2_{null}:	LR 15 0,19028 0,50598
K	Exakte Dauer der Vor- und Nachaktivitäten	Typ: Alternativen:	WRD *
9	Persönliche Präferenz für die Startzeit der ersten Tour des Tages Entscheidungsebene: für jede Person		
A	Geplante Startzeitkategorie für die erste Tour des Tages	Typ: Alternativen: McF-R^2_{const}: McF-R^2_{null}:	LR 16 0,07318 0,44630
10	Startzeit Entscheidungsebene: für jede Tour		
A	Bestimmung, ob die Tour in der Standardzeitkategorie liegt	Typ: Alternativen: McF-R^2_{const}: McF-R^2_{null}:	LR 2 0,07289 0,38886

Schritt	Beschreibung	Informationen	
M	Kategorisierte Startzeit von Tour 1	Typ: Alternativen: McF-R^2_{const}: McF-R^2_{null}:	LR 16 0,18752 0,33485
N	Exakte Startzeit von Tour 1	Typ: Alternativen:	WRD *
O	Kategorisierte Startzeit von Tour 2	Typ: Alternativen: McF-R^2_{const}: McF-R^2_{null}:	LR 11 0,24512 0,26905
P	Exakte Startzeit von Tour 2	Typ: Alternativen:	WRD *
S	Kategorisierte Zeit zu Hause vor der Tour ab Tour 3	Typ: Alternativen: McF-R^2_{const}: McF-R^2_{null}:	LR 10 0,06784 0,16101
T	Exakte Zeit zu Hause vor Tour ab Tour 3	Typ: Alternativen:	WRD *
11	Entscheidung über gemeinsame Durchführung Entscheidungsebene: für jede Aktivität		
A	Bestimmung, ob die Aktivität bzw. der Weg mit anderen Personen gemeinsam durchgeführt wird	Typ: Alternativen: McF-R^2_{const}: McF-R^2_{null}:	LR 4 0,15347 0,54412

* abhängig von der Kategoriegröße des vorherigen Regressionsschritts; LR = logistische Regression; WRD = gewichtete Zufallszahlenziehung

Schriftenreihe des Instituts für Verkehrswesen
Karlsruher Institut für Technologie (KIT)

ISSN 0341-5503

Herausgeber: Prof. Dr.-Ing. Peter Vortisch

Die Hefte 1 bis 68 der Schriftenreihe können über das Institut für Verkehrswesen zum Preis von 11,00 Euro sowie über den Buchhandel bestellt werden (https://www.ifv.kit.edu/schriftenreihe.php).

Mit * gekennzeichnete Hefte sind leider vergriffen.

Heft 1* **Paul Stephan Baron**
Weglängen als Kriterium zur Beurteilung von Fluggast-Empfangsanlagen. (1967)

Heft 2* **Karl Eugen Stoffers**
Berechnung von optimalen Signalzeitenplänen. (1968)

Heft 3* **Reinhard Köhler**
Verkehrsablauf auf Binnenwasserstraßen - Untersuchungen zur Leistungsfähigkeitsberechnung und Reisezeitverkürzung. (1968)

Heft 4* **Rolf Böttger**
Die numerische Behandlung des Verkehrsablaufs an signalgesteuerten Straßenkreuzungen. (1970)

Heft 5 **Manfred Droste**
Stochastische Methoden der Erfassung und Beschreibung des ruhenden Verkehrs. (1971)

Heft 6* 10 JAHRE INSTITUT FÜR VERKEHRSWESEN. (1972)

Heft 7* **Ingward Bey**
Simulationstechnische Analyse der Luftfrachtabfertigung. (1972)

Heft 8*	**Rainer Wiedemann** Simulation des Straßenverkehrsflusses. (1974)
Heft 9*	**Uwe Köhler** Stabilität von Fahrzeugkolonnen. (1974)
Heft 10	**Wolf Thomas** Sensitivitätsanalyse eines Verkehrs¬planungsmodells. (1974)
Heft 11	**Peter Pape** Weglängen-Reduzierung in Fluggast-Empfangsanlagen durch flexible Vorfeldpositionierung. (1976)
Heft 12	**Theo Koffler** Vorausschätzung des Verkehrsablaufs über den Weg. (1977)
Heft 13*	**Walter Hänicke** Der Einfluß von Verflechtungen in einem bedarfsorientierten Nahverkehrssystem auf die Reisegeschwindigkeit. (1977)
Heft 14*	**Gerd Bahm** Kabinengröße und Betriebsablauf neuer Nahverkehrssysteme. (1977)
Heft 15	**Wolf Laubert** Betriebsablauf und Leistungsfähigkeit von Kleinkabinenbahnstationen. (1977)
Heft 16*	**Bernd-Michael Sahling** Verkehrsablauf in Netzen ein graphentheoretisches Optimierungsverfahren. (1977)
Heft 17*	**Erich Michael Zahn** Berechnung gesamtkostenminimaler außerbetrieblicher Transportnetze. (1978)
Heft 18*	**Wolfgang Handschmann** Sicherheit und Leistungsfähigkeit städtischer Straßenkreuzungen unter dem Aspekt der Informationsverarbeitung des Kraftfahrzeugführers. (1978)

Die Hefte 1 bis 68 der Schriftenreihe können über das Institut für Verkehrswesen bestellt werden.

Heft 19* **Gottfried Willmann**
Zustandsformen des Verkehrsablaufs auf Autobahnen. (1978)

Heft 20* **Udo Sparmann**
ORIENT – Ein verhaltensorientiertes Simulationsmodell zur Verkehrsprognose. (1980)

Heft 21* **Richard E. Allsop**
Festzeitsteuerung von Lichtsignalanlagen. (1980)

Heft 22* **Udo-Michael Adolph**
Systemsimulation des Güterschwerverkehrs auf Straßen. (1981)

Heft 23* **Claus-Dieter Jahnke**
Kolonnenverhalten von Fahrzeugen mit autarken Abstandswarnsystemen. (1982)

Heft 24* **Wilhelm Leutzbach**
Verkehr auf Binnenwasserstraßen. (1982)

Heft 25* 20 JAHRE INSTITUT FÜR VERKEHRSWESEN – Ein Institut stellt sich vor. (1982)

Heft 26* **Hans Hubschneider**
Mikroskopisches Simulationssystem für Individualverkehr und Öffentlichen Personennahverkehr. (1983)

Heft 27* **Peter Mott**
Signalsteuerungsverfahren zur Priorisierung des Öffentlichen Personennahverkehrs. (1984)

Heft 28 **Adolf D. May**
Traffic Management Research at the University of California. (1984)

Heft 29 **Michael Haas**
LAERM – Mikroskopisches Modell zur Berechnung des Straßenverkehrslärms. (1985)

Die Hefte 1 bis 68 der Schriftenreihe können über das Institut für Verkehrswesen bestellt werden.

Heft 30 **Dietmar Bosserhoff**
Statistische Verfahren zur Ermittlung von Quelle-Ziel-Matrizen im Öffentlichen Personennahverkehr – Ein Vergleich. (1985)

Heft 31* **Karsten Baass**
Ermittlung eines optimalen Grünbandes auf Hauptverkehrsstraßen. (1985)

Heft 32 **Thomas Benz**
Mikroskopische Simulation von Energieverbrauch und Abgasemission im Straßenverkehr (MISEVA). (1985)

Heft 33 **Gerd Stucke**
Bestimmung der städtischen Fahrtenmatrix durch Verkehrszählungen. (1985)

Heft 34 **William Young**
Modelling the Circulation of Parking Vehicles – A Feasibility Study. (1985)

Heft 35 **Peter G. Gipps**
Simulation of Pedestrian Traffic in Buildings. (1986)

Heft 36* 25 JAHRE INSTITUT FÜR VERKEHRSWESEN. (1987)

Heft 37* **Klaus Möller**
Signalgruppenorientiertes Modell zur Optimierung von Festzeitprogrammen an Einzelknotenpunkten. (1986)

Heft 38 **Wolfgang G. Bleher**
Messung des Verkehrsablaufs aus einem fahrenden Fahrzeug – Beurteilung der statistischen Genauigkeit mittels Simulation. (1987)

Heft 39 **Walter Maier**
Bemessungsverfahren für Befragungszählstellen mit Hilfe eines Warteschlangenmodells. (1988)

Die Hefte 1 bis 68 der Schriftenreihe können über das Institut für Verkehrswesen bestellt werden.

Heft 40 **Kay W. Axhausen**
Eine ereignisorientierte Simulation von Aktivitätenketten zur Parkstandswahl. (1989)

Heft 41 **Udo J. Becker**
Beobachtung des Straßenverkehrs vom Flugzeug aus: Eigenschaften, Berechnung und Verwendung von Verkehrsgrößen. (1989)

Heft 42 **Dirk Heidemann**
Ein mathematisches Modell des Verkehrsflusses. (1989)

Heft 43 **Mostafa Sabry Aly**
Headway Distribution Model and Interrelationship between Headway and Fundamental Traffic Flow Characteristics. (1989)

Heft 44 **Jürgen Zoellmer**
Ein Planungsverfahren für den ÖPNV in der Fläche. (1991)

Heft 45 **Stephan Schnittger**
Einfluß von Sicherheitsanforderungen auf die Leistungsfähigkeit von Schnellstraßen. (1991)

Heft 46 **Tien-Pen Hsu**
Optimierung der Detektorlage bei verkehrsabhängiger Lichtsignalsteuerung. (1991)

Heft 47 **Reiner Grigo**
Zur Addition spektraler Anteile des Verkehrslärms. (1992)

Heft 48 30 JAHRE INSTITUT FÜR VERKEHRSWESEN. (1992)

Heft 49 **Yuntong Liu**
Eine auf FUZZY basierende Methode zur mehrdimensionalen Beurteilung der Straßenverkehrssicherheit. (1994)

Heft 50 **Frank Höfler**
Leistungsfähigkeit von Ortsdurchfahrten bei unterschiedlichen Geschwindigkeitsbeschränkungen – untersucht mit Hilfe der Simulation. (1994)

Die Hefte 1 bis 68 der Schriftenreihe können über das Institut für Verkehrswesen bestellt werden.

Die Hefte 1 bis 68 der Schriftenreihe können über das Institut für Verkehrswesen bestellt werden.

Heft 60 **Volker Waßmuth**
Modellierung der Wirkungen verkehrsreduzierender Siedlungskonzepte. (2002)

Heft 61 **Olaf Eberhard**
Wirkungsanalyse individuell-dynamischer Zielführungssysteme im Straßenverkehr. (2005)

Heft 62 **Wilko Manz**
Mikroskopische längsschnittorientierte Abbildung des Personenverkehrs. (2005)

Heft 63 **Torsten Heine-Nims**
Einbeziehung kurzfristiger Verhaltensänderungen bei der Modellierung der Verkehrsnachfrage. (2006)

Heft 64 **Peter Vortisch**
Modellunterstützte Messwertpropagierung zur Verkehrslageschätzung in Stadtstraßennetzen. (2006)

Heft 65 **Jörg Last**
Barrieren und Potenziale intermodaler Angebotskonzepte im Personenfernverkehr. (2006)

Heft 66 **Tobias Kuhnimhof**
Längsschnittmodellierung der Verkehrsnachfrage zur Abbildung multimodalen Verhaltens. (2007)

Heft 67 **Stefan Geweke**
Wirksamkeit von Verkehrsinformationen und belastungsabhängigen Preisen zur Nutzung von Kapazitätsreserven im Straßennetz. (2009)

Heft 68 **Dirk Wittowsky**
Dynamische Informationen im ÖPNV – Nutzerakzeptanz und Modellierung. (2009)

Die Hefte 1 bis 68 der Schriftenreihe können über das Institut für Verkehrswesen bestellt werden.

Ab Band 69 erscheint die Reihe bei KIT Scientific Publishing.

Band 69 **Peter Ottmann**
Abbildung demographischer Prozesse in Verkehrsentstehungsmodellen mit Hilfe von Längsschnittdaten. (2010)
ISBN 978-3-86644-555-0

Band 70 **Martin Kagerbauer**
Mikroskopische Modellierung des Außenverkehrs eines Planungsraums. (2010)
ISBN 978-3-86644-553-6

Band 71 **Matthias Wirtz**
Flexible Tarife in elektronischen Fahrgeldmanagementsystemen und ihre Wirkung auf das Mobilitätsverhalten. (2014)
ISBN 978-3-7315-0206-7

Band 72 **Ulrike Leyn**
Einfluss von Instationarität auf die Wartezeit an Knotenpunkten mit und ohne Lichtsignalanlage. (2017)
ISBN 978-3-7315-0675-1

Band 73 **Martin Hartmann**
Modellunterstützte Beurteilung der Verkehrsqualität auf Netzabschnitten von Bundesautobahnen. (2019)
ISBN 978-3-7315-0868-7

Band 74 **Christine Eisenmann**
Mikroskopische Abbildung von Pkw-Nutzungsprofilen im Längsschnitt. (2019)
ISBN 978-3-7315-0841-0

Band 75 **Tim Hilgert**
Erstellung von Wochenaktivitätenplänen für Verkehrsnachfragemodelle. (2019)
ISBN 978-3-7315-0973-8

Die Bände sind unter www.ksp.kit.edu als PDF frei verfügbar oder als Druckausgabe zu bestellen.